职业学校课程改革创新教材

计算机组装与维护学案
（第2版）

主　编　张　玲　杨　涛
副主编　邵海燕　陈仕祺　陈　曦
　　　　钱　武　邢晓俊

电子工业出版社
Publishing House of Electronics Industry
北京·BEIJING

内 容 简 介

本书为电子工业出版社2022年出版的"十二五"职业教育国家规划教材《计算机组装与维护（第2版）》的配套教材，内容包括"认识计算机""计算机配件、外设的安装与选购""计算机软件的安装与调试""计算机的维护与保养""计算机的故障排除"等，针对职业院校学生的特点，突出了基础性、操作性，在培养学生操作技能与实践能力的基础上，加强了对知识体系构建及师生思维引导的研究。

本书适合职业院校信息技术类专业学生使用。

未经许可，不得以任何方式复制或抄袭本书之部分或全部内容。
版权所有，侵权必究。

图书在版编目（CIP）数据

计算机组装与维护学案 / 张玲，杨涛主编. —2版. —北京：电子工业出版社，2023.9

ISBN 978-7-121-46378-5

Ⅰ．①计… Ⅱ．①张… ②杨… Ⅲ．①电子计算机—组装—中等专业学校—教材 ②计算机维护—中等专业学校—教材 Ⅳ．①TP30

中国国家版本馆CIP数据核字（2023）第176662号

责任编辑：关雅莉
印　　刷：三河市君旺印务有限公司
装　　订：三河市君旺印务有限公司
出版发行：电子工业出版社
　　　　　北京市海淀区万寿路173信箱　邮编　100036
开　　本：880×1 230　1/16　印张：8.75　字数：201.6千字
版　　次：2014年9月第1版
　　　　　2023年9月第2版
印　　次：2023年9月第1次印刷
定　　价：25.00元

凡所购买电子工业出版社图书有缺损问题，请向购书店调换。若书店售缺，请与本社发行部联系，联系及邮购电话：（010）88254888，88258888。

质量投诉请发邮件至zlts@phei.com.cn，盗版侵权举报请发邮件至dbqq@phei.com.cn。

本书咨询联系方式：（010）88254247，liyingjie@phei.com.cn。

前　言

随着国家经济的高速发展，计算机的应用已经普及到社会各行各业，计算机也成为各行业人员不可缺少的"工具"。因此，了解和掌握计算机的基本组成、日常维护、选购常识、典型故障维修等知识与技能已成为各专业人才培养的必备需求，同时，"计算机组装与维护"课程也是职业院校信息技术类专业的专业基础课程，目前已普遍开设。

"计算机组装与维护"课程在教学过程中存在一定的特殊性，一方面计算机硬件技术发展迅速，知识技能更新速度较快；另一方面相对陈旧的教学方式脱离学生的认知能力，一些基础理论常识在实际教学中难度较大。因此，在日常教学中通常会出现两种现象：一种是传统的授课形式，在教室中教"操作"，理论知识偏多偏旧，实际操作及应用不足；另一种是追新追高，仅重视学生的技能培养，而忽视基础理论常识及学习方法的指导，导致学生虽然掌握了固定机型的相关技能，但后续发展能力不足。

学案导学是一种新型的教学模式，在普教领域研究较多，也较为成熟，在职业教育领域应用较少。本教材依托学案导学的相关理论，结合电子工业出版社 2022 年出版的《计算机组装与维护（第 2 版）》教材，在南京市职业院校中开展了相关研究，力争在教学中达到以下目标。

（1）通过"学习目标"、"自主学习"、"精讲点拨"、"共同探究"、"达标检测"和"拓展延伸"等学习项目的设置，进一步规范学习流程，保证课程授课质量。

（2）通过本门课程的长期训练，努力培养学生的自学能力，逐步引导学生形成接触问题—搜索已知—自主阅读—师生探究—反馈检测—归纳整理—拓展延伸的完整的思维习惯，提升终身学习能力。

（3）提供系统化的教学设计方案，引导教师精心研究学生，实现课程教学模式和培养模式的有效转变。

本书由张玲、杨涛担任主编，由邵海燕、陈仕祺、陈曦、钱武、邢晓俊担任副主编。在编写过程中，得到了南京金陵高等职业技术学校、新港中等专业学校、莫愁中等专业学校、中华中等专业学校等学校骨干教师及南京市本课程任课教师的大力支持，在此一并表示感谢。

由于编写时间仓促，加之编者水平有限，书中错误或不当之处在所难免，恳请广大读者批评指正。

编 者

目 录

项目 1 认识计算机 ···001

 任务 1.1 计算机组装与维护简介 ··001

 任务 1.2 计算机的基本情况 ··005

 任务 1.3 认识计算机设备 ···008

项目 2 计算机配件、外设的安装与选购 ···014

 任务 2.1 CPU 的安装与选购 ···014

 任务 2.2 主板的安装与选购 ··022

 任务 2.3 内存的安装与选购 ··029

 任务 2.4 硬盘等存储设备的安装与选购 ···034

 任务 2.5 显卡和显示器的安装与选购 ··041

 任务 2.6 机箱和电源的安装与选购 ···047

 任务 2.7 其他常见外设的安装与选购 ··053

 任务 2.8 常用网络设备的安装与选购 ··057

 任务 2.9 定制装机方案与项目演讲 ···062

项目 3 计算机软件的安装与调试 ··068

 任务 3.1 计算机的 BIOS ··068

 任务 3.2 磁盘规划与分区、格式化 ···072

 任务 3.3 安装 Windows 操作系统 ··076

 任务 3.4 获取与安装设备驱动程序 ···079

 任务 3.5 数据的备份、还原与复制 ···082

 任务 3.6 维护计算机软件 ···087

任务 3.7　计算机整机安装与调试 ··· 093

项目 4　计算机的维护与保养 ·· 103

任务 4.1　计算机产品使用的注意事项 ··································· 103

任务 4.2　打印机色带、墨盒与硒鼓的更换 ······························ 107

任务 4.3　数据的抢救与恢复 ··· 110

任务 4.4　计算机的清洁与保养 ··· 113

任务 4.5　简单网络的搭建 ··· 117

项目 5　计算机的故障排除 ··· 122

任务 5.1　计算机故障的分类 ·· 122

任务 5.2　计算机故障检测的一般方法 ··································· 125

任务 5.3　排除典型故障 ··· 129

认识计算机

任务 1.1　计算机组装与维护简介

 **学习目标**

- 了解计算机组装与维护的相关知识
- 明确掌握计算机组装与维护技能的好处
- 了解计算机的基本理论常识

 **学习过程**

———— 自主学习 ————

1. 阅读课本，并根据记忆将"运算器"、"控制器"、"存储器"、"输入设备"、"输出设备"、"系统软件"和"应用软件"等名词补充到图 1-1-1 中。

```
                    ┌── 硬件
                    │
       计算机系统 ──┤
                    │
                    └── 软件
```

图 1-1-1　计算机系统

2．根据经验，将你听说过的计算机配件名称填到图 1-1-1 中的对应位置。

3．简述冯·诺依曼式计算机体系结构的特点。

4．阅读课本，谈谈对系统软件和应用软件的理解。

5．阅读课本，思考在日常上网中是否有违反法律法规的行为。

精讲点拨

1．根据教师讲解和阅读课本（详见课本中的图 1-1-3），将图 1-1-2 中的空白方框部分补充完整。

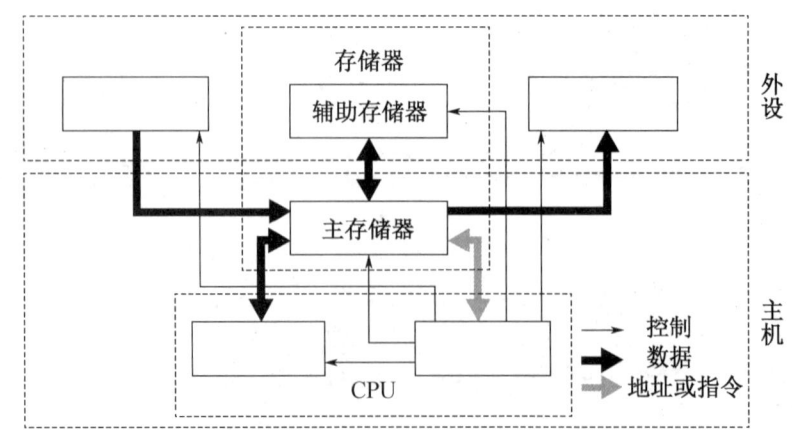

图 1-1-2　冯·诺依曼式计算机体系结构

2．写出以下软件分别属于哪类软件（系统软件、应用软件）：Microsoft Office 2016、Windows 10、用友财务软件、Oracle 数据库软件。

共同探究

1．了解计算机中的存储单位，并简述各单位之间的进位关系。

2．家中安装了 100 M 宽带，但是实际下载速率范围为 10～12 MB/s，是网络不好吗？

3．通过搜索引擎了解董铁宝、夏培肃两位计算机领域专家的相关情况，并做简要记录。

归纳整理

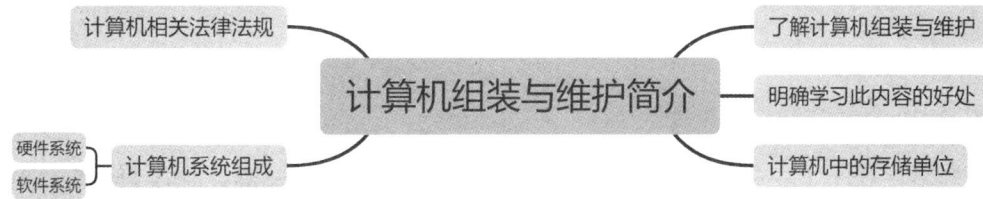

 达标检测

一、选择题

1. 计算机硬件系统主要由主机和（　　）两大部分组成。
   A．输入设备　　　B．外部设备　　　C．软件系统　　　D．显示器

2. 微型计算机硬件系统由微处理器、存储器、输入设备和输出设备组成，各硬件之间通过（　　）互相连接，组成一个有机整体。
   A．总线　　　　B．主板　　　　C．CPU　　　　D．操作系统

3. 下列设备中，属于输出设备的是（　　）。
   A．手写板　　　B．麦克风　　　C．显示器　　　D．鼠标

4. 下列不属于外部设备的是（　　）。
   A．显卡　　　　B．鼠标　　　　C．显示器　　　D．打印机

5. 完整的计算机系统由（　　）和（　　）组成。
   A．系统软件　　　　　　　　　B．应用软件
   C．硬件系统　　　　　　　　　D．软件系统

二、判断题

CPU 简称中央处理器，由运算器和存储器组成。　　　　　　　　　　　　（　　）

 拓展延伸

1. 分别以"结绳计数"、"算筹"、"算盘"、"计算尺"和"机械计算机"为关键词，通过搜索引擎了解关键词情况，并做简要记录。

2. 在较为著名的招聘网站中，以"计算机组装与维护"为关键词，了解学习该内容后可以从事的职业及岗位要求。

3．了解计算机行业的相关法律法规，分别以"中华人民共和国网络安全法"和"中华人民共和国数据安全法"为关键词，通过搜索引擎了解关键词情况，并做简要记录。

任务1.2 计算机的基本情况

学习目标

- 了解计算机的常见分类
- 了解计算机销售的常见场所
- 了解计算机的发展历史及主要整机生产厂商

学习过程

自主学习

1．简述计算机的发展历史，并列出各代计算机的主要电子元器件。

2．按生产厂商分类，完成下列问题。
（1）品牌机与DIY组装机在配件组成上有很大差异吗？

（2）品牌机与DIY组装机的最大差异是什么？

3．按产品外观及用途分类，完成下列问题。

用1～2个关键词描述台式机、笔记本电脑、一体机及平板电脑各自的特点。

4．寻找1～2个电子产品销售网站，找到其中的计算机及配件销售板块，并了解各计算机厂商的情况。

 共同探究

1．通过搜索引擎查找华硕官方网站的网址，并将其记录下来。

2．通过搜索引擎了解目前主流内存条的相关信息及大致价格范围，并做简要记录。

3．通过搜索引擎了解刊物《电脑报》的基本情况，并做简要记录。

归纳整理

达标检测

一、选择题

1. 下列不属于我国计算机品牌的是（　　）。
   A．华为　　　　　B．联想　　　　　C．清华同方　　　D．惠普
2. 第一代电子计算机的主要元器件是（　　）。
   A．晶体管　　　　　　　　　　　B．小规模集成电路
   C．电子管　　　　　　　　　　　D．人工智能芯片
3. 以下图片是（　　）生产厂商的标识。

   A．华为　　　　　B．华硕　　　　　C．惠普　　　　　D．华普

二、简答题

写出两个较为知名的IT类知识网站（网址或名字均可）。

拓展延伸

1. 了解所在城市的大型计算机卖场并进行实地考察，至少带回一张报价单或介绍材料。

2．通过网络搜索或实地考察，观察生活中不同形态的计算机，并比较其外观差异。

3．通过搜索引擎查找 DNA 计算机、量子计算机、可穿戴设备等相关知识，并做简要记录。

任务1.3 认识计算机设备

- 了解计算机的部件组成
- 了解计算机各外部接口的名称及作用
- 了解计算机外部设备连接的方法

1．认识计算机外部设备。
（1）观察图 1-3-1，写出计算机相关外部设备的名称。

图 1-3-1　计算机相关外部设备

（2）观察图 1-3-2，将图片与实物进行对比，并列出其差异。

图 1-3-2　机箱侧视图及背面图

2．认识计算机外部接口。

阅读课本，并从网络上下载一张最新的主板背部接口图，对比查看哪些接口消失了，哪些接口在课本中没有提到。

3．了解机箱背部的外部连线。

拆除机箱背部的所有外部连线，在拆除过程中注意仔细观察各连线的接口及其颜色。

精讲点拨

1．观察如图 1-3-3 所示的机箱内部实物图，了解各部件的大致位置。

图 1-3-3　机箱内部实物图

2．识别以下机箱内部实物放大图的部件，并写出部件名称及主要作用。

（1）如图 1-3-4 所示的部件为_____，主要作用为_____。

图 1-3-4　机箱内部实物放大图 1

（2）如图 1-3-5 所示的部件为_____，主要作用为_____。

图 1-3-5　机箱内部实物放大图 2

（3）如图 1-3-6 所示的部件为_____，主要作用为_____。

图 1-3-6　机箱内部实物放大图 3

（4）如图 1-3-7 所示的部件为_____，主要作用为_____。

图 1-3-7　机箱内部实物放大图 4

（5）如图 1-3-8 所示的部件为_____，主要作用为_____。

图 1-3-8　机箱内部实物放大图 5

 共同探究

1．根据对外部接口的观察及拆装，凭记忆画出各外部接口的形状示意图。

2．简述各机箱部件连线安装时的基本步骤。

归纳整理

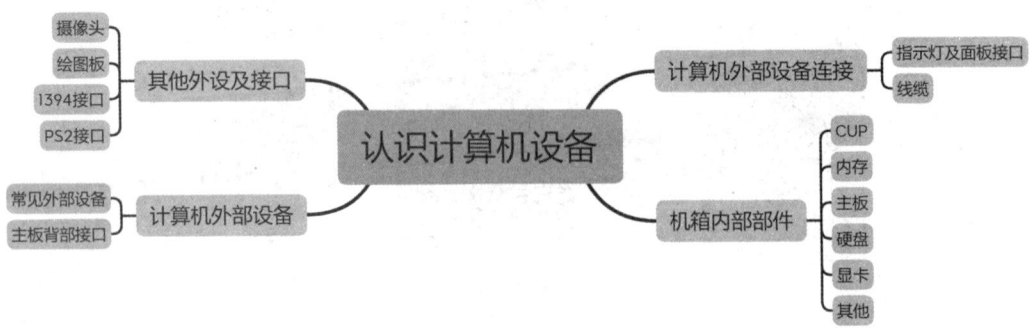

达标检测

一、选择题

以下接口属于主机外部接口的是（　　）。

　　A．RJ-45 接口　　　　　　　　B．HDMI 接口

　　C．PCI-Express 接口　　　　　D．SATA 接口

二、判断题

1．正常 USB 3.0 接口标识为蓝色。　　　　　　　　　　　　　　　　（　　）

2．所有类型硬盘都不是直接插在主板上的。　　　　　　　　　　　　（　　）

3．主板承担着系统设备连接及数据传输的任务，是计算机的核心部件之一。（　　）

拓展延伸

1．通过搜索引擎查找一些课堂上未提到的接口，并做简要记录。

2．通过查看"中关村在线"网站"查报价"导航栏中的"DIY 硬件"板块，了解计算机包含的相关部件，并做简要记录。

项目 2

计算机配件、外设的安装与选购

任务 2.1　CPU 的安装与选购

- 了解 CPU 的主流品牌及市场上的主流产品
- 掌握 CPU 和散热器的安装方法
- 了解 CPU 和散热器的选购指标

━━━━━━━━━━━━━━━○ 自主学习 ○━━━━━━━━━━━━━━━

1．CPU 的接口。

（1）常见 CPU 的接口有两种：插座式的接口叫作＿＿＿＿＿＿＿；触点式的接口叫作＿＿＿＿＿＿＿＿＿。

现售 Intel CPU 的接口有＿＿＿＿＿＿＿＿＿＿；

现售 AMD CPU 的接口有＿＿＿＿＿＿＿＿＿＿。

（2）观察实验用的 CPU 接口形状、特征角位置及特点，并记下 CPU 的接口型号：＿＿＿＿＿。

2. 获取 CPU 信息。

（1）观察 CPU 实物，并将其正面的文字信息记录下来。

（2）在"此电脑"图标上单击鼠标右键，在弹出的快捷菜单中选择"属性"选项，在打开的窗口中可查看 CPU（处理器）情况，如图 2-1-1 所示，记录 CPU 相关信息。

图 2-1-1　查看 CPU（处理器）情况

3. CPU 参数查询。

以"中关村在线"网站为学习平台，回答下列问题。

（1）在"中关村在线"网站首页单击"查报价"导航栏，在"产品分类"板块中选择"DIY 硬件"→"CPU"选项，单击不同的 CPU 品牌，进入"CPU 筛选"平台界面，如图 2-1-2 所示，简要记录 Intel、AMD、龙芯等主流产品的系列名称。

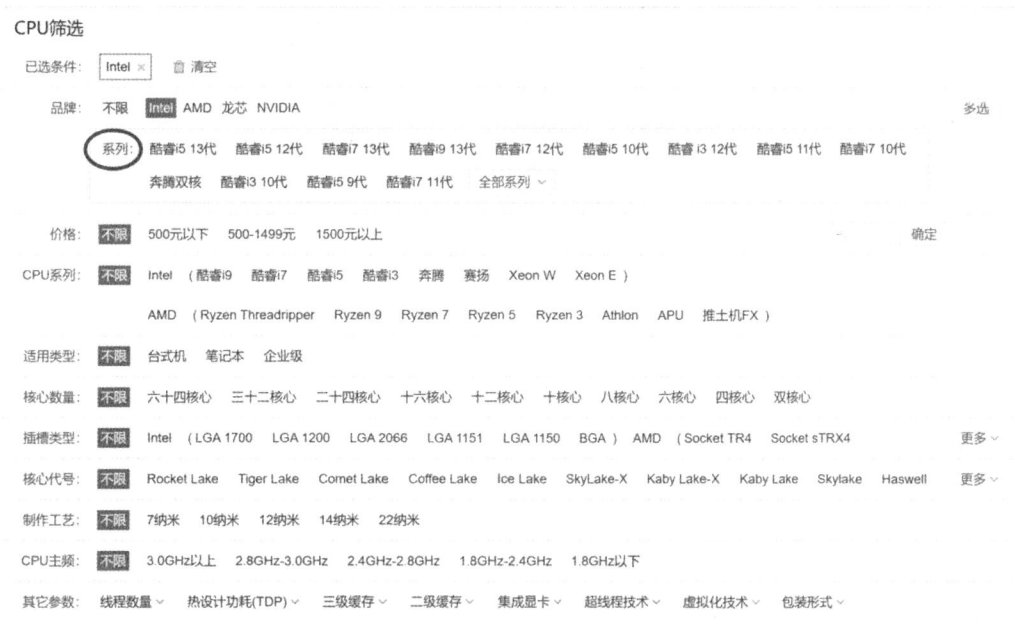

图 2-1-2　"CPU 筛选"平台界面

Intel：_____
AMD：_____
龙芯：_____

（2）利用"中关村在线"网站"CPU 筛选"平台中的"对比"功能，对同等价位的 CPU 参数进行对比，如图 2-1-3、图 2-1-4 和图 2-1-5 所示，并记录在表 2-1-1 中。

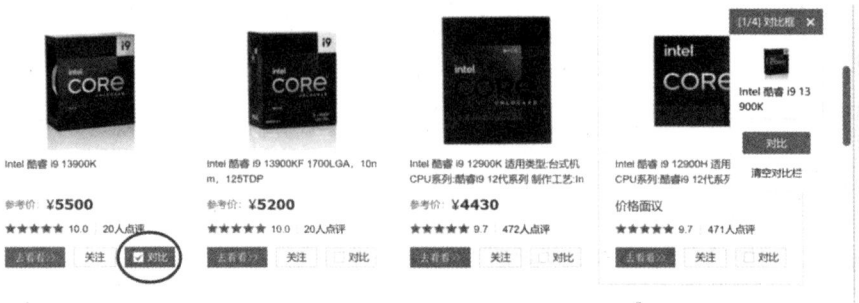

图 2-1-3　CPU 对比 1

图 2-1-4　CPU 对比 2

图 2-1-5　同等价位 CPU 参数对比图

表 2-1-1　同等价位 CPU 参数记录表

参　数	CPU 型号	
品牌		
系列		
价格		
工艺		
主频		
核心数		
线程数		
一级缓存		
二级缓存		
三级缓存		
集成显卡		
插槽类型		

精讲点拨

1. Socket 插座式 CPU 的安装（见表 2-1-2）。

表 2-1-2　Socket 插座式 CPU 的安装

序　号	步　骤	完成情况
1	向外拉动 CPU ZIF 插座拉杆	
2	上推 CPU ZIF 插座拉杆至 90°	
3	观察 CPU 及插座特征角位置，使两者位置对应	
4	轻轻放下 CPU，CPU 自然落下	
5	下压 CPU ZIF 插座拉杆	

小结：Socket 插座式 CPU 安装的关键动作是一_____，二_____，三_____，四_____，五_____。

自评：_____（A、B、C）。　反思：_____。

标准：A. 在规定时间内按照步骤快速、完美地完成任务；

　　　B. 在安装前、中、后有个别步骤没完成或做得不好，但总体目标达成；

　　　C. 大多数步骤没做，任务没达成。

2. LGA 触点式 CPU 的安装（见表 2-1-3）。

表 2-1-3　LGA 触点式 CPU 的安装

序　号	步　　骤	完成情况
1	下压固定 CPU 的压杆	
2	向外推压杆使其脱离卡扣约 120°	
3	观察 CPU 及插座特征角位置，使 CPU 两侧凹槽与 CPU 插座凸起对应	
4	放下 CPU	
5	扣下压杆	
6	保护片弹出，取下保护片	

小结：LGA 触点式 CPU 安装的关键动作是一_____，二_____，三_____，四_____，五_____，六_____。

自评：_____（A、B、C）。　反思：_____。

标准：A. 在规定时间内按照步骤快速、完美地完成任务；
　　　B. 在安装前、中、后有个别步骤没完成或做得不好，但总体目标达成；
　　　C. 大多数步骤没做，任务没达成。

3. 扣具式散热器的安装（见表 2-1-4）。

表 2-1-4　扣具式散热器的安装

序　号	步　　骤	完成情况
1	观察扣具的两头有何不同	
2	将没有扶手的一头扣住 CPU 插槽	
3	确保 CPU 风扇完全盖住 CPU	
4	稳住散热器，在保证其受力均匀的情况下，将有扶手的一头扣住 CPU 插槽的另一端	
5	连接 CPU 风扇的电源线	

自评：_____（A、B、C）。　反思：_____。

标准：A. 在规定时间内按照步骤快速、完美地完成任务；
　　　B. 在安装前、中、后有个别步骤没完成或做得不好，但总体目标达成；
　　　C. 大多数步骤没做，任务没达成。

4. 螺栓式散热器的安装（见表2-1-5）。

表2-1-5 螺栓式散热器的安装

序 号	步 骤	完 成 情 况
1	观察散热器的正面、背面及主板上的CPU插座	
2	将散热器的四角对准主板的相应位置	
3	用力压下四角扣具或用螺钉固定好	
4	连接CPU风扇的电源线	
5	涂抹硅脂	

自评：_____（A、B、C）。 反思：_____。

标准：A. 在规定时间内按照步骤快速、完美地完成任务；

　　　B. 在安装前、中、后有个别步骤没完成或做得不好，但总体目标达成；

　　　C. 大多数步骤没做，任务没达成。

共同探究

1. 利用"中关村在线"网站"CPU"板块的"天梯图"功能，如图2-1-6所示，按照综合性能、单核性能和多核性能，查看CPU排名及其参数情况。

图2-1-6　CPU天梯图

2. 通过"中关村在线"网站，搜索一款合适的 AMD CPU，记录 CPU 型号及相关性能指标，说明选购该 CPU 的理由。

归纳整理

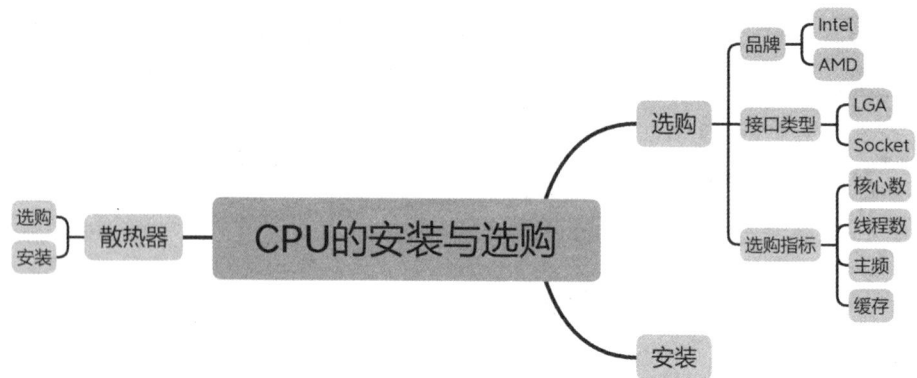

达标检测

1. 某 CPU 的主频为 3.2 GHz，倍频系数为 32，则其外频为（   ）。

   A．66 MHz   B．100 MHz

   C．110 MHz   D．133 MHz

2. "LGA 1700"中的 1700 表示的含义为（   ）。

   A．1700 元   B．1700 W

   C．1700 MHz   D．1700 个触点数

3. 在 CPU 的性能指标中，制造工艺体现了 CPU 的先进程度，其常用的单位为（   ）。

   A．nm   B．μm

   C．mm   D．cm

4. CPU 超频原则是先超（   ），再超（   ）。

   A．外频、倍频   B．倍频、外频

   C．主频、外频   D．外频、主频

5. （多选）下列 CPU 芯片类型中，（   ）是 AMD 公司开发的。

   A．Opteron   B．Ryzen

   C．Athlon   D．Phenom

 **拓展延伸**

1. 根据自家计算机的实际运行情况，考虑它的CPU升级方案。

2. 利用搜索引擎查询"风冷式散热器"和"水冷式散热器"的区别。

附

1. CPU及散热器安装注意事项。
（1）注意在操作之前消除操作者身上的静电。
（2）若放入CPU时感觉有障碍，应停止并检查特征角是否对应正确，强行安装会导致CPU引脚受损。
（3）在CPU表面涂抹导热硅脂时，应注意硅脂的用量要适宜。

2. CPU及散热器安装评价表。

类　别	评价细则	分　值	得　分
规范的操作 （70分）	1. 操作前消除静电	10分	
	2. 主板取出后放置在垫板（防静电板）上	10分	
	3. 安装CPU过程中，特征角位置对准	10分	
	4. 安装CPU过程中，将拉杆扳至90°	10分	
	5. 硅脂涂抹到位，用量适宜	10分	
	6. 固定散热器时用力均匀，与CPU接触紧密	10分	
	7. 散热器电源的接插准确	10分	
良好的习惯 （20分）	1. 物品轻拿轻放	4分	
	2. 物品摆放整齐	4分	

续表

类　别	评价细则	分　值	得　分
良好的习惯 （20分）	3．工作台干净整洁	4分	
	4．操作前仔细观察	4分	
	5．操作后认真检查	4分	
合作的情况 （10分）	1．小组分工合理	3分	
	2．能公平公正地评价	3分	
	3．在规定时间内完成任务	4分	

操作者：_____　　判分者：_____　　得分：_____

任务 2.2　主板的安装与选购

- 认识主板的主流品牌、类型和组成部分
- 学会正确安装、固定主板
- 了解主板的性能指标

---○ 自主学习 ○---

1．主板的板型。

（1）利用搜索引擎查询以下主板板型的尺寸。

ATX（标准型）：_____　　mini-ATX（迷你型）：_____

M-ATX（紧凑型）：_____　　E-ATX（加强型）：_____

（2）选择不同板型的主板主要考虑的因素有哪些？如果你的朋友想购置一台体积小巧的台式机，你会建议选择哪种板型的主板？

2. 主板的系列及等级划分。

（1）通过网络查询可知，不同品牌主板的系列有很多，而每种系列也会根据不同的芯片组、不同的需求和定位有着不同的产品。在主板的命名方面有一定的规律，示例如下。

<u>微星</u>　　<u>MAG</u>　　<u>B660M</u>　　<u>MORTAR</u>
品牌　　系列　　芯片组　　后缀

华硕 ROG MAXIMUS Z790 HERO，_____表示主板的系列，_____表示主板的芯片组；技嘉 B660M AORUS ELITE AX DDR4，对应的芯片组是_____。

（2）主板厂家会根据用户不同的需求划分不同的等级，在购买主板时应按需购置。通过网络搜索可得到以下信息。

若把主板的等级分为低端、中端、高端三个等级，则 H 系列、B 系列、Z 系列、A 系列、X 系列的主板分别代表不同的等级。其中，高端是_____系列和_____系列，分别支持 Intel 和 AMD 芯片组，能支持 CPU 超频和内存超频；中端是_____系列，能支持内存超频；低端是_____系列和_____系列，不支持超频。

例如，①华硕 ROG MAXIMUS Z790 HERO，②华硕 PRIME H610M-A D4，③华硕 ROG STRIX B760-G GAMING WIFI D4 都是华硕主板，它们的等级从低到高依次是_____。

精讲点拨

1. 主板的组成。

学习主板的组成知识，并填写表 2-2-1。

表 2-2-1　主板的组成

部件	类别	常见类型
插座（槽）	CPU	_____、_____
	电源	_____电源、_____电源等
	内存	_____、_____、_____
	局部总线、扩展总线	_____、_____、_____（×16、×8、×4、×1）
芯片	主芯片组	_____、_____、_____等
	网卡芯片	_____、_____、_____等
接口	存储接口	_____、_____、_____等
	视频接口	_____等

2. 主板与机箱面板的连接。

（1）学习主板说明书中的"面板连线"知识，并根据实际情况填写表 2-2-2。

表 2-2-2　主板与机箱面板的连接

标　志	中文名称	作　用	正负极
POWER SW（PWRSW）	＿＿＿＿	激发电源向主板及其他设备供电	不分正负
RESET SW	＿＿＿＿	重新启动计算机	不分正负
＿＿＿＿	电源指示灯	目前主板是否加电工作	＿＿色（+） ＿＿色（−）
H.D.D LED	＿＿＿＿	硬盘的工作状态	＿＿色（+） ＿＿色（−）
SPEAKER	＿＿＿＿	开机自检响铃	＿＿色（+） ＿＿色（−）
FR USB（FRONT USB）	前置 USB 接口连线	前置 USB 接口	＿＿＿＿
HD AUDIO	＿＿＿＿	前置音频接口	＿＿＿＿

（2）实践操作：连接主板与机箱面板。

3. 主板的安装。

步骤一：主板安装前（见表 2-2-3）。

表 2-2-3　主板安装前

序　号	步　骤	完成情况
1	将主板专用挡板部分接口的小铁片上卷或去除	
2	光滑一面朝外，挡板四周槽口与机箱接口处槽口完全咬合	
3	观察机箱底板与主板	
4	确定需要上螺钉的螺孔	

步骤二：主板安装中（见表 2-2-4）。

表 2-2-4　主板安装中

序　号	步　骤	完成情况
1	将螺柱放入机箱底板并加固	
2	与定位螺孔相对应	

续表

序 号	步 骤	完成情况
3	使主板背部接口与机箱背面板开口相对应	
4	用螺丝刀将螺钉旋入主板螺孔内	

步骤三：主板安装后（见表 2-2-5）。

表 2-2-5 主板安装后

序 号	步 骤	完成情况
1	检查螺钉是否全部安装到位	
2	检查主板背部接口是否都完全裸露在机箱外侧	

自评：＿＿＿＿＿＿（A、B、C）。　　反思：＿＿＿＿＿＿＿＿＿＿＿＿＿＿＿＿。

标准：A. 在规定时间内按照步骤快速、完美地完成任务；

　　　B. 在安装前、中、后有个别步骤没完成或做得不好，但总体目标达成；

　　　C. 大多数步骤没做，任务没达成。

4. 主板的选购。

（1）阅读课本，简述主板选购的原则。

（2）利用"中关村在线"网站的"主板"频道，分析当前主流的主板支持哪些 CPU 类型、有哪些芯片组型号、是否集成芯片，以及了解主板的板型等。

（3）利用"中关村在线"网站查询一款华硕的主板，并将其基本参数填入表 2-2-6 中。

表 2-2-6 华硕主板的基本参数

型 号	参考价格	主芯片组	CPU 插槽	CPU 类型
华硕＿＿＿	＿＿＿	＿＿＿	＿＿＿	＿＿＿
内存类型	集成芯片	显示芯片	主板板型	存储接口

共同探究

1. 借助"中关村在线"网站，选购一款 1000 元左右、Intel 芯片组并适用于 Core i7 12700 处理器的主板。

2. 如图 2-2-1 所示为主板说明书中的主板结构图，从这张图中能得到哪些信息？如果想购买与之匹配的 CPU、内存等配件，应该注意哪些方面？

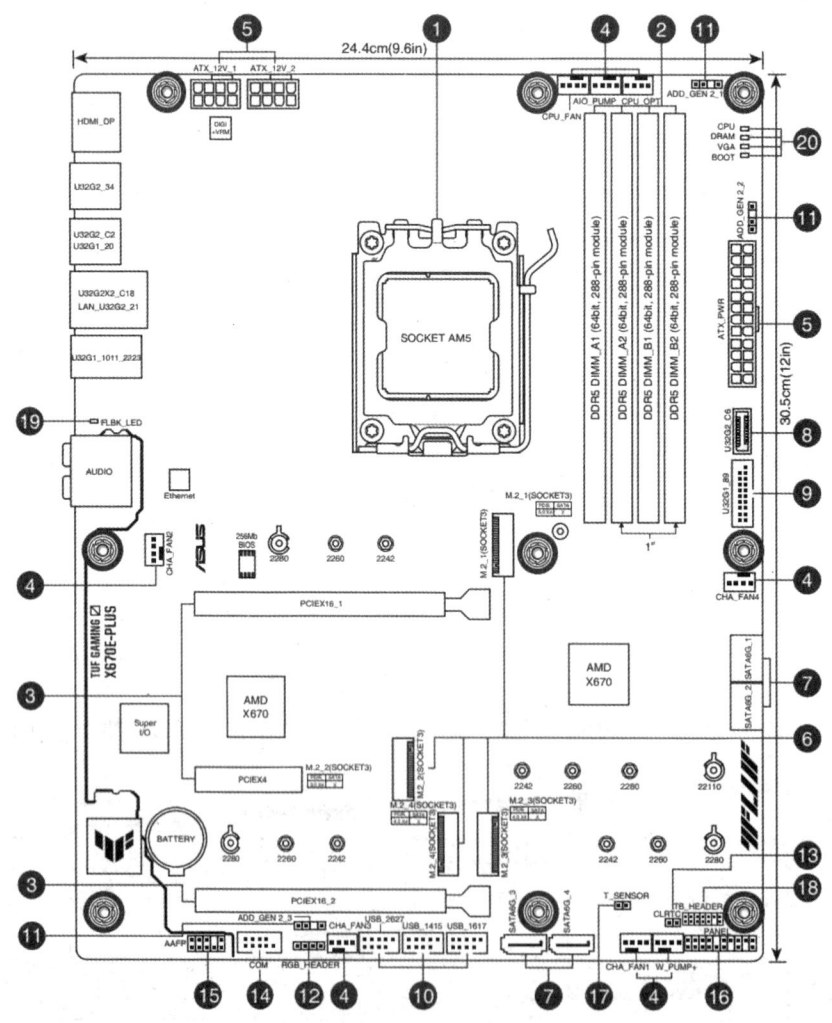

图 2-2-1　主板结构图

 归纳整理

达标检测

一、选择题

1. 主板上的纽扣电池主要用于对某个部件供电，这个部件是（　　）。
   A．CMOS 芯片　　　　　　　　B．CPU
   C．内存条　　　　　　　　　　D．BIOS 芯片

2. 在主板上用于连接显卡，提供带宽最大的插槽是（　　）。
   A．USB 2.0　　　　　　　　　B．PCI-E X16
   C．PCI　　　　　　　　　　　D．AGP

3. （多选）选购主板时应注意（　　）等方面。
   A．稳定性　　　　　　　　　　B．兼容性
   C．扩充能力　　　　　　　　　D．升级能力

二、填空题

主板上连接硬盘的接口主要有_____、_____、_____等。

 拓展延伸

1. 下载并安装"CPU-Z"软件，安装完成后在"主板"模块中查看主板的参数信息。

2. 现有主板型号为华硕 PRIME B450M-A II 的主板,请在华硕官网下载该主板的主板说明书,了解其网卡、芯片组、显卡和声卡等情况。

提示:进入华硕官网,进入"服务支持"的"下载中心"页面,选择产品类型、系列和型号。

附

1. 主板安装注意事项。

(1)注意在操作之前消除操作者身上的静电。

(2)注意安装和拆卸时不要用力过猛,特别是在卸下机箱背面铁片以及安装主板对应的挡板时要注意安全,以免金属框架将手划伤。

(3)注意固定部件时螺钉不要拧得太紧,拧得太紧会使主板变形,导致计算机不能正常工作或产生故障。

(4)注意使用螺丝刀的安全,第一不要划伤人,第二不要划伤主板。

2. 主板安装评价表。

类别	评价细则	分值	得分
规范的操作 (70分)	1. 操作前消除静电	10分	
	2. 主板取出后放置在垫板(防静电板)上	10分	
	3. 螺钉、螺柱没有少上或漏上	10分	
	4. 螺钉、螺柱的选择无误	10分	
	5. 主板专用挡板铁片上卷或去除等操作得当	10分	
	6. 螺钉、螺柱安装力度合适、主板稳固	10分	
	7. 主板背部接口能完全裸露在机箱外侧	10分	
良好的习惯 (20分)	1. 物品轻拿轻放	4分	
	2. 物品摆放整齐	4分	
	3. 工作台干净整洁	4分	
	4. 操作前仔细观察	4分	
	5. 操作后认真检查	4分	

续表

类　别	评价细则	分　值	得　分
合作的情况 （10分）	1. 小组分工合理	3分	
	2. 能公平公正地评价	3分	
	3. 在规定时间内完成任务	4分	

操作者：＿＿＿＿＿＿　　判分者：＿＿＿＿＿＿　　得分：＿＿＿＿＿＿

任务 2.3　内存的安装与选购

- 认识内存的品牌、类型
- 学会正确安装 DIMM 系列内存条
- 建立内存与主板的关联意识
- 了解内存的相关知识与概念

―――――――――――●　自主学习　●―――――――――――

1. 查看图 2-3-1 和图 2-3-2，思考内存在计算机系统中的作用。内存与 CPU、硬盘相比，有什么特点？

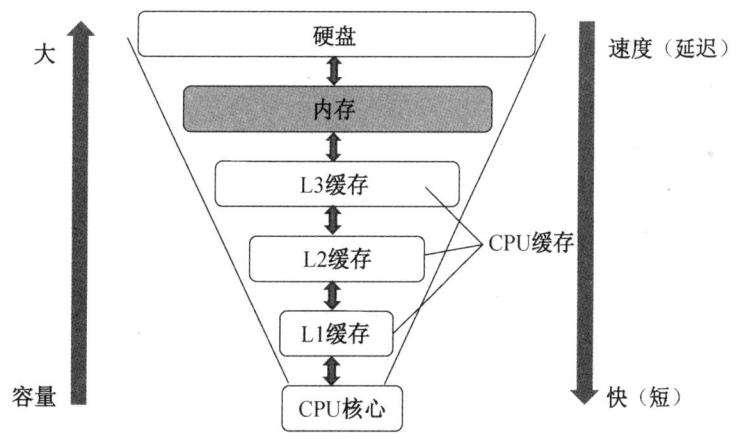

图 2-3-1　内存与 CPU、硬盘的性能比较

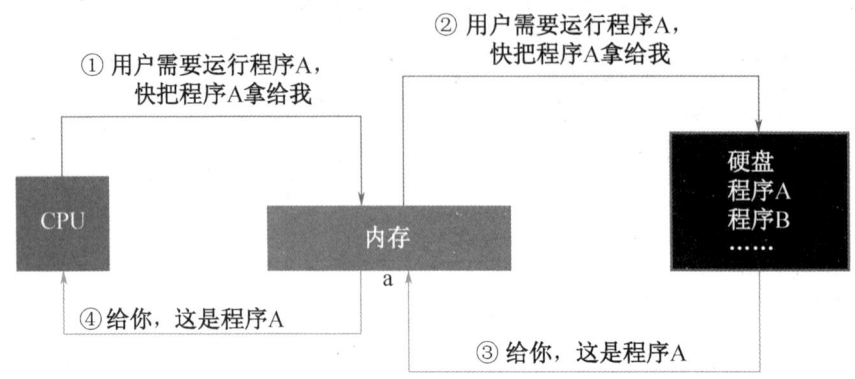

图 2-3-2　内存与 CPU、硬盘的关系

2．观察内存条，并留意以下信息。

（1）内存品牌是什么？

（2）有没有散热片？

（3）若无散热片，看看有几个颗粒？单面还是双面？

（4）内存容量多少？

（5）内存条缺口的位置。

3．以"双通道"为关键词，利用网络搜索其信息并写出信息摘要。

精讲点拨

1．内存的安装（见表 2-3-1）。

表 2-3-1　内存的安装

序 号	步 骤	完 成 情 况
1	将主板内存插槽两侧的保险栓向外扳动	
2	将内存条引脚上的缺口对准插槽的凸起	
3	垂直地将内存插到插槽并压紧	
4	插槽两侧的保险栓自动卡住内存条两侧的缺口	

注意：若在安装中遇到阻力，应立即停止操作并检查。

自评：_____（A、B、C）。　反思：_____。

标准：A．在规定时间内按照步骤快速、完美地完成任务；

　　　B．在安装前、中、后有个别步骤没完成或做得不好，但总体目标达成；

　　　C．大多数步骤没做，任务没达成。

2．内存的性能指标。

内存的性能指标：_____、_____、_____。

3．双通道内存。

要组建双通道内存，一般选择相同_____、相同_____、相同_____的偶数根内存条比较可靠。

如图 2-3-3 所示为一份主板说明书的"内存插槽"部分说明，从图中的信息可知：

（1）在购买内存条时应注意_____；

（2）在安装内存条时，_____和_____或_____和_____插槽上的内存条可组成双通道；

（3）从说明书可知，厂家优先推荐内存条插在_____和_____插槽上组成双通道。

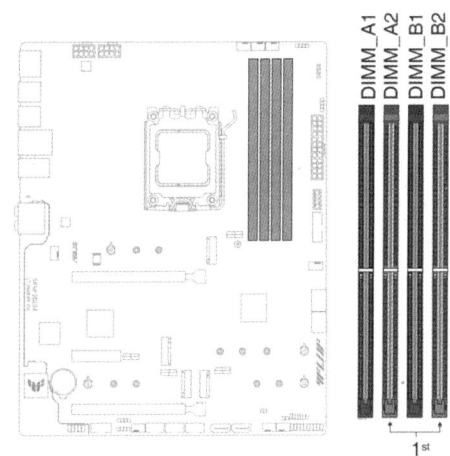

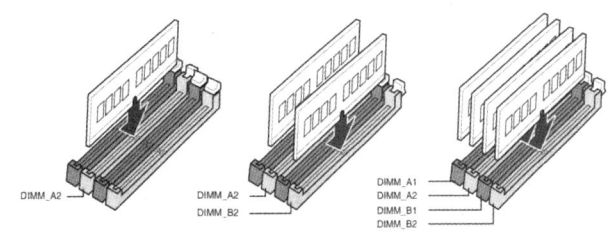

图 2-3-3　主板说明书的"内存插槽"部分说明

共同探究

用 2000 元选购主板、CPU 和内存，要求写出购机目的，列出配置清单，并进行简要分析。字体要求为标题黑体、三号字，正文宋体、小四号字，行距为 1.5 倍行距，内容要求为具有需求分析、配置单、简要理由陈述等，以电子文档的形式提交。

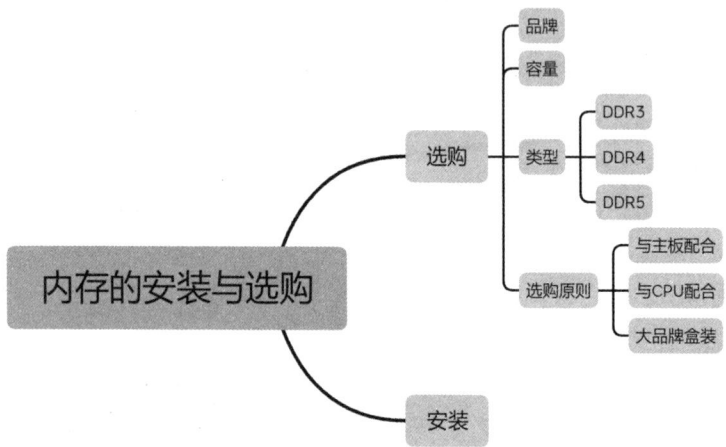

一、选择题

1. 下列内存条中工作电压最低、速度最快的是（　　）。
   A．DDR2 SDRAM　　　　　　B．DDR3 SDRAM
   C．DDR4 SDRAM　　　　　　D．DDR5 SDRAM
2. 采用 1.5 V 电压工作的内存条为（　　）。
   A．DDR2 SDRAM　　　　　　B．DDR3 SDRAM
   C．DDR4 SDRA　　　　　　　D．DDR5 SDRAM

二、判断题

1. DDR5 内存性能比 DDR3 内存要好，所以所需的工作电压更高。（　　）
2. 一台计算机配置清单为 Intel Core I5-3470 3.2 GHz/8 GB/1 TB 等，硬盘容量为 8 GB。（　　）
3. 程序和数据必须读入内存后才能运行。（　　）

 **拓展延伸**

1. 查询内存参数信息。

下载并安装"CPU-Z"软件,安装完成后查看内存的相关信息。

2. 虚拟内存。

在使用计算机的过程中,当打开大型软件时,有时会出现"计算机内存不足"等提示,请利用网络搜索"虚拟内存"关键词,了解并简要记录虚拟内存的作用。

附

内存安装评价表

类　　别	评 价 细 则	分　　值	得　　分
规范的操作 (70分)	1. 操作前消除静电	10分	
	2. 操作前仔细观察内存及其插槽	12分	
	3. 操作时能将内存条引脚上的缺口对准插槽的凸起	12分	
	4. 操作后能检查内存条是否与插槽紧密接触	12分	
	5. 操作过程中如遇阻力立即停止,无蛮力操作现象	12分	
	6. 组建双通道内存正确(同色插槽,同品牌同型号内存)	12分	
良好的习惯 (20分)	1. 物品轻拿轻放	4分	
	2. 物品摆放整齐	4分	
	3. 工作台干净整洁	4分	
	4. 操作前仔细观察	4分	
	5. 操作后认真检查	4分	
合作的情况 (10分)	1. 小组分工合理	3分	
	2. 能公平公正地评价	3分	
	3. 在规定时间内完成任务	4分	

操作者:_____　　判分者:_____　　得分:_____

任务 2.4　硬盘等存储设备的安装与选购

学习目标

- 认识机械硬盘、固态硬盘等存储设备
- 能区分各存储设备的连接线缆与接口
- 能正确安装机械硬盘、固态硬盘
- 了解机械硬盘、固态硬盘等存储设备的性能指标

学习过程

自主学习

1. 认识设备、接口及线缆。

（1）阅读课本，回答以下问题。

图 2-4-1 是_____；图 2-4-2 是_____；图 2-4-3 是_____。

图 2-4-1　设备 1

图 2-4-2　设备 2

图 2-4-3　设备 3

图 2-4-4 是主板上的_____接口，一般有_____个。

图 2-4-5 是_____部件上的数据线接口和电源接口，左侧的_____接口有_____针，右侧的_____接口有_____针。

图 2-4-4　接口 1

图 2-4-5　接口 2

图 2-4-6 是为硬盘供电的_____线的接口；图 2-4-7 是连接主板和硬盘_____线的接口，所有的接口均有防反插设计。

图 2-4-6　接口 3

图 2-4-7　接口 4

图 2-4-8 是_____和_____连接后的效果。

图 2-4-8　设备连接

（2）观察机械硬盘及其铭牌上的说明文字并记录下来。

品牌：_____；容量：_____；产地：_____；

尺寸：_____；数据接口：_____类型，有_____针；电源接口：_____针。

2．固态硬盘和机械硬盘。

（1）利用网络搜索固态硬盘和机械硬盘的区别，并将其简单记录下来。

（2）利用网络搜索三星（Samsung）990 PRO 固态硬盘，并记录表 2-4-1 中的参数。

表 2-4-1　固态硬盘参数

品牌及型号：_____	存储容量：_____GB	接口类型：_____	硬盘尺寸：_____英寸
产品重量：_____g	厚度：_____mm	数据传输率：读出_____MB/s，写入_____MB/s	

3．U 盘和移动硬盘。

（1）U 盘如图 2-4-9 所示，一个 128 GB 的 U 盘的实际容量为_____GB，计算方法为_____
_____。

（2）移动硬盘如图 2-4-10 所示，利用网络搜索移动硬盘的性能参数都有哪些，在使用过程中应哪些注意事项。

图 2-4-9　U 盘

图 2-4-10　移动硬盘

精讲点拨

1. 机械硬盘的安装（见表 2-4-2）。

表 2-4-2　机械硬盘的安装

序号	步骤	完成情况
1	手持机械硬盘，将有铭牌的一面朝上，有接口的一面朝向机箱内	
2	从机箱内部，将机械硬盘装入固定架	
3	选择固定机械硬盘的专用螺钉进行固定	
4	电源线连接电源接口	
5	数据线连接主板、机械硬盘的相应接口	

自评：_____（A、B、C）。　反思：_____。

标准：A. 在规定时间内按照步骤快速、完美地完成任务；

　　　B. 在安装前、中、后有个别步骤没完成或做得不好，但总体目标达成；

　　　C. 大多数步骤没做，任务没达成。

2. 机械硬盘和固态硬盘的选购。

（1）根据【自主学习】1（2）题中记录的机械硬盘铭牌的相关文字，利用网络进一步查找它的参数信息，填入表 2-4-3。

表 2-4-3　机械硬盘参数信息

型号：_____	缓存：_____
转速：_____	接口类型：_____

（2）根据【自主学习】2（1）题中利用网络搜索某款"固态硬盘"，利用网络进一步查找固态硬盘一般有哪些接口、支持哪些协议和可以选择哪些闪存架构，填写表 2-4-4。

表 2-4-4　固态硬盘选购参数

固态硬盘接口：_____
固态硬盘支持协议：_____
固态硬盘闪存架构：_____

共同探究

1. 如何将淘汰下来的硬盘改装成移动硬盘？尝试写出所需要的部件及改装步骤。

2. 是否所有计算机都能安装 PCI-E 接口和 M.2 接口的固态硬盘？请简述理由。

3. 影响机械硬盘和固态硬盘使用寿命的错误使用方式有哪些？

归纳整理

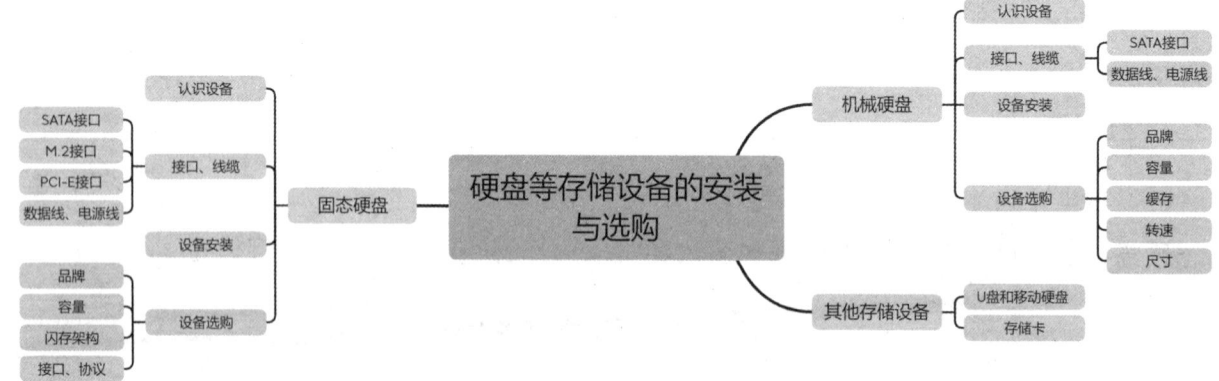

达标检测

1. 机械硬盘在工作时应避免（　　）。
   A．震动　　　　B．日光　　　　C．噪声　　　　D．潮湿
2. 与机械硬盘相比，下列不属于固态硬盘优点的是（　　）。
   A．防震抗摔　　B．功耗低　　　C．噪声小　　　D．使用寿命长
3. 下列不属于U盘生产厂商的是（　　）。
   A．Kingston　　B．NVIDIA　　　C．SanDisk　　　D．aigo
4. 固态硬盘的存储介质主要有（　　）芯片和DRAM芯片两种。
   A．BIOS　　　　B．SPD　　　　C．FLASH　　　　D．GPU
5. 目前台式机中的机械硬盘的正常物理尺寸为（　　）。
   A．1.8英寸　　　B．2.5英寸　　　C．3.5英寸　　　D．5.25英寸
6. 目前最常见的台式机的机械硬盘缓存大小为（　　）。
   A．8 MB　　　　B．64 MB　　　　C．512 MB　　　D．1024 MB
7. 温切斯特硬盘最早是由IBM公司提出的，下列关于温切斯特硬盘技术特点的描述中，正确的是（　　）。
   A．读取数据时，磁头不与盘面接触，写数据时要接触
   B．读取数据时，磁头要与盘面接触，写数据时不要接触
   C．读取数据时，磁头不与盘面接触，写数据时也不接触
   D．读取数据时，磁头要与盘面接触，写数据时也要接触

拓展延伸

1. 下载硬盘检测软件"HD Tune Pro"，安装完成后对机械硬盘传输速率、健康状态、温度检测及磁盘表面扫描等进行检测，并记录相关信息。

2．搜索一款常见固态硬盘的读写速度并记录下来，思考与机械硬盘读写速度的差异性。

3．利用网络搜索机械硬盘和固态硬盘存储数据的工作原理。

附

1．硬盘安装注意事项。

（1）注意在操作之前消除操作者身上的静电。

（2）注意安装和拆卸时不要用力过猛，安装后的硬盘要稳固。

（3）注意固定部件时不可只上一侧螺钉，不可错上螺钉，不可拧得太紧，不见螺纹即可。

（4）注意使用螺丝刀的安全，第一不要划伤人，第二不要划伤硬件。

2．机械硬盘安装评价表。

类别	评价细则	分值	得分
规范的操作 （70分）	1．操作前消除静电	10分	
	2．硬盘的螺钉选择无误	10分	
	3．螺钉没有少上或漏上	10分	
	4．螺钉安装力度合适	10分	
	5．硬盘安装平稳	10分	
	6．安装时未用手触碰接口金手指	10分	
	7．硬盘的电源线、数据线能准确插接且捋得整齐	10分	

续表

类　别	评 价 细 则	分　值	得　分
良好的习惯 （20分）	1. 物品轻拿轻放	4分	
	2. 物品摆放整齐	4分	
	3. 工作台干净整洁	4分	
	4. 操作前仔细观察	4分	
	5. 操作后认真检查	4分	
合作的情况 （10分）	1. 小组分工合理	3分	
	2. 能公平公正地评价	3分	
	3. 在规定时间内完成任务	4分	

操作者：_____　　判分者：_____　　得分：_____

任务2.5　显卡和显示器的安装与选购

学习目标

- 了解显卡、显示器
- 能正确安装显卡、连接显示器
- 学会合理选购显卡、显示器
- 了解显卡、显示器的性能指标

学习过程

◆ 自主学习 ◆

1．认识显卡、显示器。

（1）阅读课本，回答以下问题。

是_____，是其接口图，左侧的接口是_____，中间的接口是_____，右侧的接口是_____。

中间的接口是＿＿＿＿＿。

＿＿＿＿＿是主板上的＿＿＿＿＿插槽，用于接插显卡。

＿＿＿＿＿是＿＿＿＿线，一头连接＿＿＿＿＿，另一头连接＿＿＿＿，连接后为＿＿＿＿；

＿＿＿＿＿是＿＿＿＿线，连接后为＿＿＿＿＿。

（2）以小组为单位，仔细观察显卡，记录以下数据。

品牌：＿＿＿＿＿＿；显卡型号：＿＿＿＿＿＿；接口：＿＿＿＿＿＿；背部接口（输出接口）：＿＿＿＿＿＿。

2．查看本机的显卡及显示器信息（以 Windows 10 系统为例）。

方法一：打开"计算机管理"窗口，在左侧窗格中选择"设备管理器"选项，在右侧窗格中选择"显示适配器"和"监视器"选项，查看本机的显卡及显示器信息并记录下来。

方法二：通过右击"开始"菜单，执行"运行"命令，打开"运行"对话框，在"打开"文本框中输入"dxdiag"，单击"确定"按钮后进入"DirectX 诊断工具"窗口，查看计算机的显卡及显示器信息并记录下来。

精讲点拨

1．显卡的安装（见表 2-5-1）。

表 2-5-1　显卡的安装

序　号	步　　骤	有（无）
1	确定 PCI-E 插槽的位置	
2	去除机箱后面板 PCI-E 插槽对应的铁皮挡板	
3	显卡的接口插脚垂直对准 PCI-E 插槽	

续表

序　号	步　骤	有（无）
4	显卡挡板对准空出的铁皮挡板位	
5	两手均匀用力往下推，显卡的接口插脚完全插入插槽中	
6	用螺钉将显卡挡板与机箱后面板拧紧	
7	有辅助电源的显卡应接插电源接口	

自评：＿＿＿＿＿＿＿＿（A、B、C）。　**反思：**＿＿＿＿＿＿＿＿＿＿＿＿＿＿＿＿。

标准： A. 在规定时间内按照步骤快速、完美地完成任务；

　　　　 B. 在安装前、中、后有个别步骤没完成或做得不好，但总体目标达成；

　　　　 C. 大多数步骤没做，任务没达成。

2．显卡的选购。

（1）选购显卡时，应综合考虑需求、＿＿＿＿＿＿、＿＿＿＿＿＿、显存、电源等多种因素。

（2）显示芯片有两大厂商：＿＿＿＿＿＿＿＿和＿＿＿＿＿＿。

（3）显卡接口类型有＿＿＿＿＿＿、＿＿＿＿＿＿、＿＿＿＿＿＿等。

（4）从"中关村在线"网站中查找一款主流的显卡，并在表2-5-2中记录其详细参数。

表2-5-2　显卡的参数

品牌：＿＿＿＿＿＿＿＿	显示芯片型号：＿＿＿＿＿＿＿＿	显存类型：＿＿＿＿＿＿＿＿
显存容量：＿＿＿＿＿＿＿＿	I/O接口：＿＿＿＿＿＿＿＿	显存频率：＿＿＿＿＿＿＿＿
核心频率：＿＿＿＿＿＿＿＿	接口类型：＿＿＿＿＿＿＿＿	最大分辨率：＿＿＿＿＿＿＿＿

3．显示器的选购。

（1）选购显示器时，应综合考虑LCD或LED、可视角度、＿＿＿＿＿＿、＿＿＿＿＿＿、＿＿＿＿＿＿、品牌等多种因素。

（2）可视角度越＿＿＿＿越好，一般水平视角不低于140°；亮度的单位是＿＿＿＿＿＿，对比度越＿＿＿＿越好，一般对比度要大于300∶1；响应时间的单位是＿＿＿＿，数值越＿＿＿＿越好，响应时间长则可能会出现拖尾现象。

（3）从"中关村在线"网站中任意查找一款显示器，并在表2-5-3中记录其详细参数。

表2-5-3　显示器的参数

屏幕尺寸：＿＿＿＿＿＿＿＿	视频接口：＿＿＿＿＿＿＿＿
动态对比度：＿＿＿＿＿＿＿＿	响应时间：＿＿＿＿＿＿＿＿
最佳分辨率：＿＿＿＿＿＿＿＿	可视角度：＿＿＿＿＿＿＿＿
屏幕比例：＿＿＿＿＿＿＿＿	消耗功率：＿＿＿＿＿＿＿＿

共同探究

1. 按需配置，理智消费。

现有两位同学想给自己配置一台兼容机，在购买显卡和显示器时想请你给一些参考意见。小茜同学的计算机主要用来上网聊天、网购、浏览网页、发邮件、Office 应用等；小兵同学的计算机有时会利用 Photoshop 进行平面设计，有时需要玩大型网络游戏。请问：

（1）他们需要买独立显卡吗？

（2）如果所配置计算机 CPU 集成了核心显卡，是否必须购买显卡或配置的主板必须集成显卡呢？

（3）在购买显卡和显示器时需要注意什么？

2. 改装达人，变废为宝。

如何把淘汰下来不用的笔记本显示屏改装成一个液晶显示器或液晶电视机呢？利用网络搜索，试写出改装所要的部件以及必需的操作步骤。

归纳整理

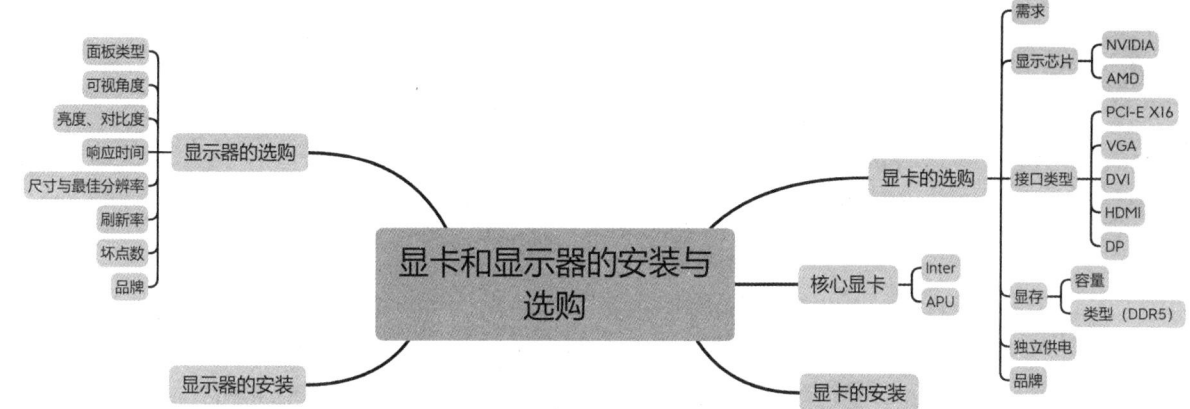

达标检测

一、选择题

1. CRT 显示器（　　）越低，图像闪烁和抖动得就越厉害，眼睛疲劳得就越快。
   A．显示器的尺寸　　　　　　B．亮度
   C．对比度　　　　　　　　　D．刷新率

2. 显卡连接显示器 VGA 接口是（　　）。
   A．9 芯　　　　　　　　　　B．14 芯
   C．15 芯　　　　　　　　　 D．16 芯

3. LCD 显示器在显示动画时有拖尾现象，说明（　　）性能指标比较低。
   A．亮度　　　　　　　　　　B．对比度
   C．响应时间　　　　　　　　D．刷新率

二、填空题

1. 显卡也称为显示适配器，是连接_____和_____的重要部件。

2. _____用于将计算机的数字信息以图形、文字的形式输出，是计算机中重要的人机交互设备之一。

三、判断题

GPU 是整个显卡的核心，它的性能直接决定了显卡性能。　　　　　　　　　　（　　）

 **拓展延伸**

1. 下载并安装"GPU-Z"软件，安装完成后对计算机显卡的性能进行检测，并记录主要参数值。

【知识小窍门】显示器坏点检测：依次设置桌面背景为黑色、白色、红色、绿色、蓝色，便可测出屏幕有无坏点。黑色桌面背景可以测出屏幕有无亮点，白色桌面背景可以测出屏幕有无暗点，红色、绿色、蓝色桌面背景可以测出屏幕有无彩点。

2．利用网络搜索独立显卡、核心显卡和集成显卡三者的区别。

3．通过搜索引擎查找显存容量与显存位宽对显卡性能的影响。

附

1．显卡及显示器安装注意事项。
（1）注意在操作之前消除操作者身上的静电。

（2）注意安装和拆卸时不要用力过猛，安装后的显卡要稳固。

（3）注意固定部件时尽量不接触显卡上电子元器件部分。

（4）注意使用螺丝刀的安全，第一不要划伤人，第二不要划伤硬件。

（5）显示器连接时要注意数据线的接口与主机 D-SUB 的接口一致，方向不一致而暴力操作可能会导致接口断针。

2．主板安装评价表。

类　　别	评 价 细 则	分　　值	得　　分
规范的操作 （60分）	1．操作前消除静电	10分	
	2．显卡插槽选择无误	10分	
	3．显卡插槽对应的机箱挡板去除正确	10分	
	4．没有接触到卡上电子元件部分	10分	
	5．显卡垂直插入并固定稳固	10分	
	6．显示器与显卡连接准确无误	10分	
良好的习惯 （30分）	1．物品轻拿轻放	5分	
	2．物品摆放整齐	5分	
	3．工作台干净整洁	5分	
	4．操作前仔细观察	5分	
	5．操作中注意安全	5分	
	6．操作后认真检查	5分	
合作的情况 （10分）	1．小组分工合理	3分	
	2．能公平公正地评价	3分	
	3．在规定时间内完成任务	4分	

操作者：＿＿＿＿＿＿＿＿　　　判分者：＿＿＿＿＿＿＿＿　　　得分：＿＿＿＿＿＿＿＿

任务 2.6　机箱和电源的安装与选购

学习目标

- 了解机箱和电源的作用和分类

- 掌握机箱和电源的安装方法
- 学会正确连接机箱、电源与主板之间的连线
- 掌握机箱和电源的选购性能指标

学习过程

自主学习

1. 阅读课本，认识计算机机箱，记录你使用的机箱类型并观察机箱结构。

2. 自主阅读并回答选购机箱的原则。

3. 通过搜索引擎查找并写出 5 个以上机箱电源品牌。

精讲点拨

1. 机箱的组成。

（1）如图 2-6-1 和图 2-6-2 所示，机箱前置面板按键通常有_____、_____，指示灯通常有_____、_____，接口通常有_____、_____，它们的功能是通过_____与主板连接实现的。

 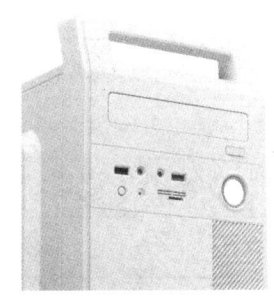

图 2-6-1　机箱前置面板 1　　　　图 2-6-2　机箱前置面板 2

（2）如图 2-6-3 所示，机箱内部通常可以安装_____、_____、_____、_____、_____等部件；如图 2-6-4 所示，位置 A、B、C、D 分别安装_____、_____、_____、_____。

 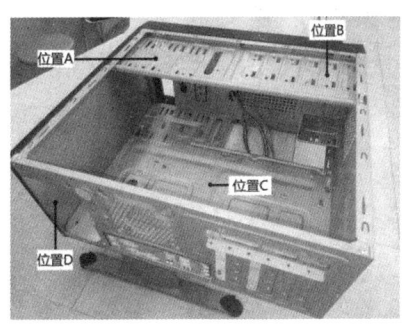

图 2-6-3　机箱内部 1　　　　图 2-6-4　机箱内部 2

2．电源线接口的识别与电源安装。

（1）观察电源连线部分，并根据实际情况填写表 2-6-1。

表 2-6-1　电源连线类别及针数

类　别	针　数
电源为主板供电接口	____pin 或____pin
电源为 SATA 接口硬盘或光驱供电接口	____pin
电源为主板上 CPU 供电接口	____pin 或____pin
电源为 PCI-E 显卡供电接口	____pin 或____pin

（2）实践操作：电源的安装步骤（见表 2-6-2）。

表 2-6-2　电源的安装步骤

序　号	步　骤	完 成 情 况
1	打开电源包装盒，取出电源	
2	铭牌一面朝外，放到机箱支架上	

续表

序 号	步 骤	完成情况
3	安装第一颗螺钉（不能拧得太紧）后，选择对角安装第二颗螺钉	
4	完成第三、第四颗螺钉的安装	
5	再用螺丝刀拧紧螺钉，将电源固定在机箱上	

自评：_____（A、B、C）。 反思：_____。

标准：A. 在规定时间内按照步骤快速、完美地完成任务；

B. 在安装前、中、后有个别步骤没完成或做得不好，但总体目标达成；

C. 大多数步骤没做，任务没达成。

3．电源的选购。

自主阅读课本并简要记录选购电源的原则。

共同探究

1．利用相关程序检测 CPU、内存、显卡等设备的功率。DIY 装机电源功率一般需要多少瓦适合？当计算机进行部件升级后，尽管电源不在升级范围内，是否也需要考虑升级？

2．利用网络搜索"CCC 认证"、"FCC 认证"和"80PLUS 认证"关键词，并记录相关信息。

归纳整理

达标检测

一、填空题

标识出以下4种电源接口。

_____ _____ _____ _____

二、选择题

1. 机箱内部直流电压最高为（　　）V。
   A. 12　　　　　B. 36　　　　　C. 24　　　　　D. 16
2. ATX2.0电源通过（　　）触发主板电路给予开机信号。
   A. 机械开关　　B. 变频开关　　C. 跳线　　　　D. 电位信号
3. 80PLUS认证里，电源转换效率最高的是（　　）。
   A. 金牌　　　　B. 银牌　　　　C. 钛金牌　　　D. 白金牌

拓展延伸

利用搜索引擎，学习如何根据电源铭牌计算功率。

1. 电源安装注意事项。
（1）注意在操作之前消除操作者身上的静电。
（2）注意安装和拆卸电源时不要用力过猛，以免金属框架将手划伤。
（3）注意固定部件时螺钉不要拧得太紧，拧得太紧会使主板变形，导致滑丝。
（4）注意使用螺丝刀的安全，不要划伤人，也不要划伤电源。
2. 电源安装评价表。

类　　别	评价细则	分　　值	得　　分
规范的操作 （70分）	1. 操作前消除静电	10分	
	2. 电源取出后放置在垫板（防静电板）上	12分	
	3. 螺钉对角安装	12分	
	4. 没有少上或漏上	12分	
	5. 螺钉第一次不要拧得太紧	12分	
	6. 二次固定螺钉	12分	
良好的习惯 （20分）	1. 物品轻拿轻放	4分	
	2. 物品摆放整齐	4分	
	3. 工作台干净整洁	4分	
	4. 操作前仔细观察	4分	
	5. 操作后认真检查	4分	
合作的情况 （10分）	1. 小组分工合理	3分	
	2. 能公平公正地评价	3分	
	3. 在规定时间内完成任务	4分	

操作者：_____　　　判分者：_____　　　得分：_____

任务 2.7 其他常见外设的安装与选购

 学习目标

- 了解键盘、鼠标、打印机、扫描仪等外设的作用与分类
- 能正确安装键盘、鼠标、打印机、扫描仪等外设
- 学会合理选购键盘、鼠标、打印机、扫描仪等外设

 学习过程

◦ 自主学习 ◦

1．了解英文缩写的含义。

UPS _____

dpi _____

PPM _____

2．了解键盘与鼠标。

（1）阅读课本，学习键盘与鼠标的分类，填写表 2-7-1。

表 2-7-1　键盘和鼠标的分类

品　种	分 类 方 法	分　　类
键盘	按工作原理分	_____、_____、_____、_____
键盘、鼠标	按连接方式分	有线、_____
	按外形分	普通、_____
音箱、耳麦	按接口分	USB、_____

（2）键盘、鼠标的选购。

自主阅读课本，选购键盘时应注意的参数指标有_____、按键数目、_____、_____、_____。选购鼠标时应注意的参数指标有_____、_____、_____、_____。

3．了解声卡接口。

仔细观察如图 2-7-1 所示的声卡接口，注意其位置、大小、个数、颜色等，并按要求填写相关问题。

图 2-7-1　声卡接口

Line Out 接口（淡绿色）：与_____或_____相连。

Line In 接口（淡蓝色）：与_____相连。

Mic 接口（粉红色）：与_____相连。

精讲点拨

1．打印机。

（1）学习表 2-7-2 中的相关内容，按要求填写表 2-7-2，并标识出打印机的类型。

表 2-7-2　打印机的类型

类　型	速　度	主　要　耗　材	特　点	应　用　领　域
针式	慢		有多层打印能力，打印噪声大	
喷墨	较慢		对纸张要求较高，打印噪声小	
激光	快		对纸张要求较低，打印噪声小	

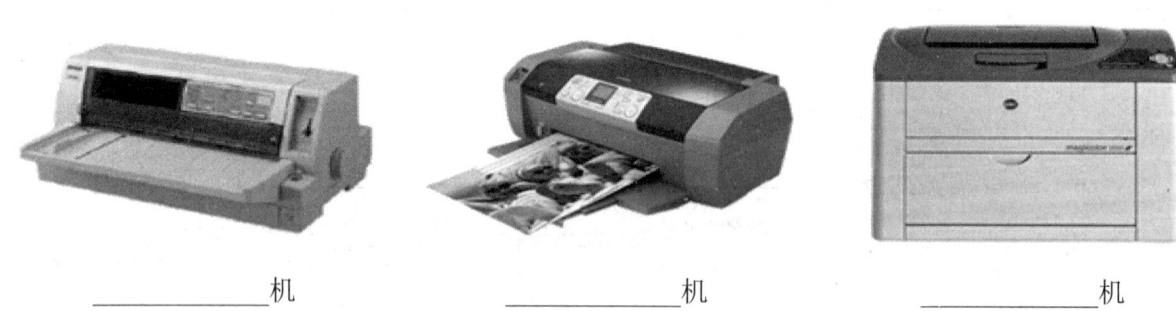

_____机　　　　　　_____机　　　　　　_____机

（2）打印机的安装，见表 2-7-3。

由于目前常用的打印机及扫描仪均采用 USB 接口，因此外部连接均较为简单。

表 2-7-3　打印机的安装

序　号	步　　骤
1	关闭计算机电源
2	将随机电缆一头接在打印机或扫描仪 USB 接口上，另一头连接在计算机的空闲 USB 接口上
3	打开打印机或扫描仪电源，再打开计算机主机电源
4	计算机会自动识别新增设备，按照屏幕提示安装驱动程序

提示：对于目前常用 USB 设备的安装需要先安装随机的驱动程序，再按照提示要求接入（或打开）相应的 USB 设备，完成安装过程。

2．扫描仪。

（1）阅读课本，辨析"光学分辨率"、"机械分辨率"和"内插分辨率"。

（2）从实际出发，普通家庭用户和办公自动化用户及图形图像商业用户在选购扫描仪时有何不同？

3．UPS。

阅读课本，简述 UPS。思考 UPS 电源维持通电时间和什么有关。

共同探究

1. 课本中提到的外设，哪些是输入设备，哪些是输出设备？你还能列举出其他的外设吗？

2. 随着科技的进步，市场上出现了一些造型更新颖、功能更好更新的外设，如讯飞语音鼠标，你还知道其他外设吗？

归纳整理

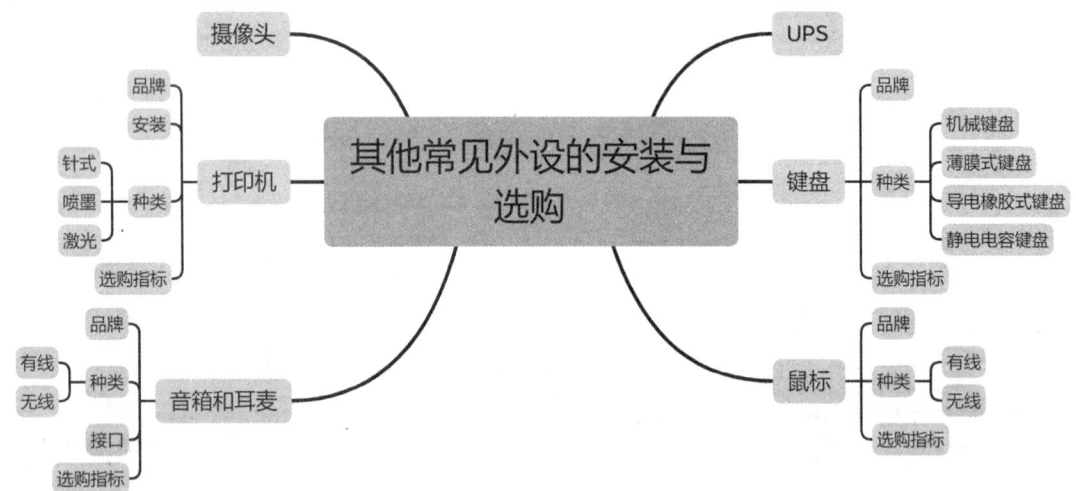

达标检测

1. 下列不属于外设的是（　　）。
   A．显卡　　　　B．鼠标　　　　C．显示器　　　　D．打印机

2. 下列设备中，属于输出设备的是（　　）。
   A．手写板　　　B．麦克风　　　C．显示器　　　D．鼠标
3. 在使用键盘一段时间后，键面的文字会变得模糊不清，说明该键盘技术参数不合格的一项为（　　）。
   A．手感　　　B．做工　　　C．耐磨性　　　D．灵敏度
4. 目前，发票、车票是使用（　　）打印的。
   A．激光打印机　　B．针式打印机　　C．喷墨打印机　　D．热敏打印机
5. 下列（　　）只能当作输入设备。
   A．扫描仪　　　B．打印机　　　C．读卡机　　　D．磁带机

拓展延伸

1．当前，热敏打印机使用的频率越来越高了，请在网络上搜索"热敏打印机"，并简要记录热敏打印的原理及其优点和缺点。

2．你有一位朋友是美术爱好者，想请你推荐一款数位板。请利用"中关村在线"网站查询一款性价比较高的入门级数位板。

任务 2.8　常用网络设备的安装与选购

学习目标

- 认识网线、交换机、路由器等简单网络中常见的网络设备
- 掌握小型局域网络基本的网络互联方法

- 学会合理选购交换机、路由器等网络设备

学习过程

自主学习

1. 阅读课本，认识网络设备，并回答以下问题。

图 2-8-1 是_____；图 2-8-2 是_____；图 2-8-3 是_____；图 2-8-4 是_____；图 2-8-5 是_____；图 2-8-6 是_____；图 2-8-7 是_____。

图 2-8-1 网络设备 1

图 2-8-2 网络设备 2

图 2-8-3 网络设备 3

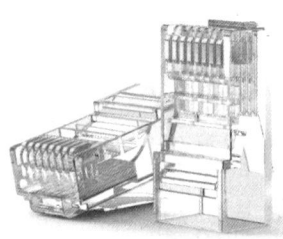

图 2-8-4 网络设备 4

图 2-8-5 网络设备 5

图 2-8-6 网络设备 6

图 2-8-7 网络设备 7

2．笔记本电脑访问局域网的连接方式一般有＿＿＿＿＿＿和＿＿＿＿＿＿两种方式。

3．家庭安装宽带后，将光信号转换为电信号的设备是＿＿＿＿＿＿。

4．家庭使用宽带接入互联网时，添加＿＿＿＿＿＿网络设备，台式机、笔记本电脑、智能手机、平板电脑等设备可以同时共享家庭宽带。

精讲点拨

1．家庭组建无线局域网访问互联网至少需要＿＿＿＿＿＿、＿＿＿＿＿＿等网络设备，试着画出简略连接图。

2．网线通常是指双绞线，是当前计算机网络中最基本、最常见的一种数据传输介质。目前，最常见的网线规格是由＿＿＿＿＿＿根芯线，即＿＿＿＿＿＿根具有绝缘保护层的铜导线按照国际标准的线径与规范制作而成的。如果使用环境受电磁干扰比较严重，可以采购增加＿＿＿＿＿＿的双绞线，即＿＿＿＿＿＿。根据数据传输速率的不同，双绞线可分为＿＿＿＿＿＿、＿＿＿＿＿＿和＿＿＿＿＿＿等。

3．交换机是用于互连各网络终端的设备，任意两个接口之间数据传输不影响其他接口通信。因此，交换机已成为当前网络终端互连时最常用的网络设备。按照交换机的可管理性来划分，可分为＿＿＿＿＿＿交换机和＿＿＿＿＿＿交换机。常见的交换机可以分为4口、8口、＿＿＿＿＿＿口及＿＿＿＿＿＿口等。市面上常见的交换机品牌有＿＿＿＿＿＿、＿＿＿＿＿＿、＿＿＿＿＿＿、＿＿＿＿＿＿、＿＿＿＿＿＿等。

4．路由器是连接Internet中多个网络或网段的网络设备，它能将不同网络或网段之间的数据信息进行转发，实现不同网络或网段间的相互连通。路由器和常见的计算机一样，路由器有＿＿＿＿＿＿、＿＿＿＿＿＿，以及类似于计算机硬盘的＿＿＿＿＿＿及相关的网络接口。从功能应用上划分，可将路由器分为家庭宽带级路由器、＿＿＿＿＿＿和＿＿＿＿＿＿。为了解决少量终端互连、无线连接以及访问互联网的需求，家庭宽带级路由器集成了无线接入点（无线AP）、路由器、2至4口的交换机、DHCP服务器等设备的诸多功能，俗称"无线路由器"。家庭购买无线路由器时可根据宽带类型选购合适的产品。

5．智能手机通过无线方式接入家庭宽带，未设置 IP 地址也能访问网络，这是因为_____。

○ 共同探究 ○

1．小刚通过网速检测软件查看家中计算机的网速。经查询，计算机网卡传输速率为 100 Mbit/s，而小刚家中宽带套餐类型为 1000 Mbit/s，请问小刚家中计算机的网速可能是多少？

2．利用网络搜索华为 S1730S-S48T4S-A1 交换机，记录其性能参数。

3．小刚家中新装了 1000 M 的宽带，除了台式机有线接入互联网，家中无线网络设备（如智能手机、平板电脑和笔记本电脑等）也需要无线接入宽带访问互联网，现需要购买一款无线路由器，请为小刚推荐一款，并写出推荐理由和配置连接方法。

4．如图 2-8-8 所示，回答：哪些设备需要自行购买配置？哪些设备是 ISP 免费提供的？图中设备连接是否正确？

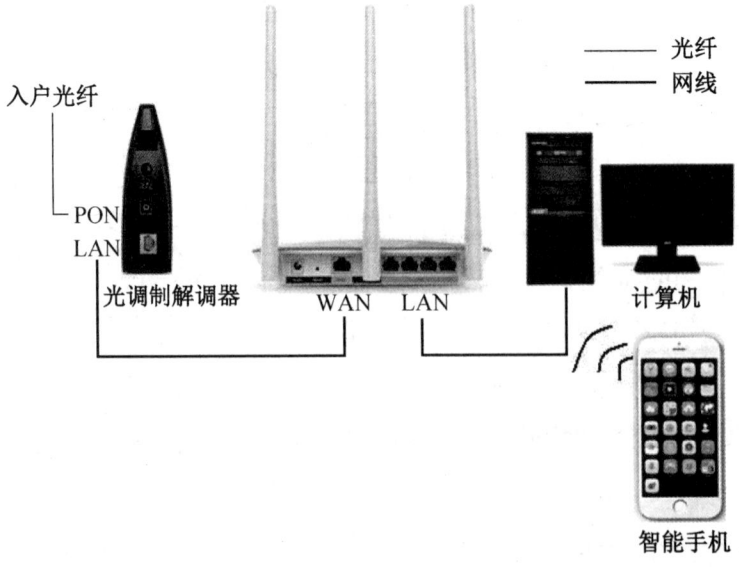

图 2-8-8　光纤入户家庭宽带网络连接示意图

归纳整理

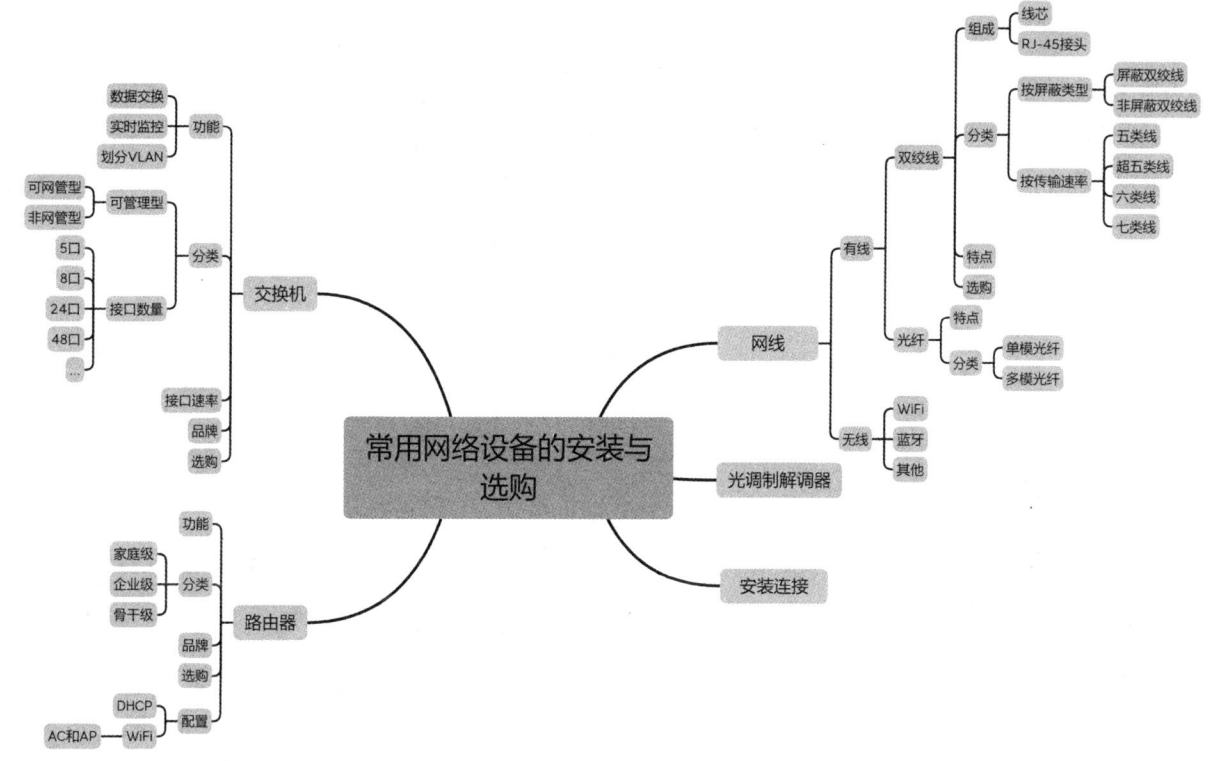

达标检测

1. （　　）是一种可以将笔记本电脑、智能手机等终端设备以无线方式互相连接的技术。
   A．WiFi　　　　　B．HiFi　　　　　C．IE　　　　　D．DS

2. 局域网中的传输介质简单来说就是网线，有同轴电缆、双绞线及（　　）。
   A．大对数线缆　　　　　　　　B．光纤
   C．超五类双绞线　　　　　　　D．六类双绞线

3. 下列选项中，属于计算机网络传输速率单位的是（　　）。
   A．Byte　　　　　B．MHz　　　　　C．rps　　　　　D．Mbit/s

4. 双绞线把两根具有绝缘保护层的铜导线按一定密度互相绞在一起，可以降低（　　）的程度。
   A．声音干扰　　　B．温度干扰　　　C．信号干扰　　　D．湿度干扰

5. 双绞线根据抗干扰性可分为屏蔽双绞线与（　　）。
   A．五类双绞线　　B．室内双绞线　　C．室外双绞线　　D．非屏蔽双绞线

6. 下列品牌厂商中，生产路由器的是（　　）。
   A．希捷　　　　　B．英特尔　　　　C．华为　　　　　D．罗技

 **拓展延伸**

1. 随着网络的飞速发展，各类存储数据呈现出爆发式增长，但与之相对的数据存储产品的功能更新却没有及时适应时代的变化需求。传统的个人数据存储模式通常依靠 U 盘或移动硬盘，实体存储介质传递数据的手段单一，往往受到空间限制，且存储介质一旦损坏就会带来不小的麻烦。基于对信息互联互通的需求，还有哪些存储数据的方式？利用网络搜索 NAS 的相关信息，并记录其具有的特性。列举目前在售的 NAS 设备品牌都有哪些？

2. 随着智能手机等设备的发展，无线局域网被广泛使用，越来越多的家庭在装修时将"全屋 WiFi"概念融入装修方案中，请利用网络搜索"全屋 WiFi"概念。全屋 WiFi 需要哪些设备？

任务 2.9　定制装机方案与项目演讲

 **学习目标**

- 了解需求分析及信息收集的一般方法
- 建立"按需配置"的意识
- 了解配件选择中的相互制约关系

学习过程

自主学习

1. 计算机是由多种配件组装而成的，其整体性能取决于其搭配的部件性能。理解这个说法，并简述"木桶效应"的含义。

2. 确定用户需求中的具体要求，并填写表2-9-1。

表 2-9-1 计算机的需求与选配要点

序 号	需 求 描 述	需要注意的选配要点
1	不玩游戏	
2	看电影、听歌、办公使用	
3	屏幕显示清晰	需要关注屏幕尺寸、色域值、分辨率等因素
4	剪辑音频和视频，使用 Premiere、Photoshop、After Effects、Office 等软件	前三者均为 Adobe 公司的软件产品，目前最新版本为 23.3 版（2023 年 4 月发布）
5	后续可以升级	
6	1 万元内	需考虑使用年限及配件价格上限

3. 阅读课本 89~90 页内容，根据课本中的图 2-9-2，总结归纳硬件配置，并填写表2-9-2。

表 2-9-2 硬件要求

硬 件	硬 件 型 号
处理器（CPU）	
内存	
硬盘	
显卡	
显示器	

精讲点拨

1. 项目演讲前期准备（一周前）。

通知学生项目活动内容与要求，按下述客户需求配置一台指定价格和用途的计算机，将班级同学自由组合分组并选定组长。

（1）用 4000 元配置组装一台用于网吧营业用的计算机。

（2）用 3000 元配置组装一台用于办公使用的计算机。

（3）用 5000 元配置组装一台用于家庭娱乐使用的计算机。

（4）用 5000 元配置组装一台用于图形图像设计的计算机。

（5）根据综合性能、价格和质量，推荐一款用于家庭使用的品牌机。

（6）根据综合性能、价格和质量，推荐一款用于办公使用的笔记本电脑。

2. 中期准备（项目前 3 天）。

（1）撰写需求分析报告和配置论证方案，并制作 PPT 或相关展示材料，将完成情况填到表 2-9-3 中。

表 2-9-3　（第＿＿＿）小组项目完成情况及分工安排

小组成员名单		小组人员分工	信息采集与处理	需求分析报告和配置论证方案	PPT	其他准备工作
组长						
组员						

（2）各组将需求分析报告和配置论证方案材料交给"乙方组"成员，用于设计提问，并提交老师审核。

3. 项目演讲当天。

（1）各小组现场抽签，决定现场演讲顺序。

（2）各小组可统一着校服或自定着装，可适当化淡妆做到仪容仪表、整洁大方。

（3）各小组上台讲演，阐述自己对客户的需求分析，以及装机配置方案考量的特点。

（4）各小组对自己和他组的阐述进行自评与互评，由学生组成的"专家"对各方案进行提问。

归纳整理

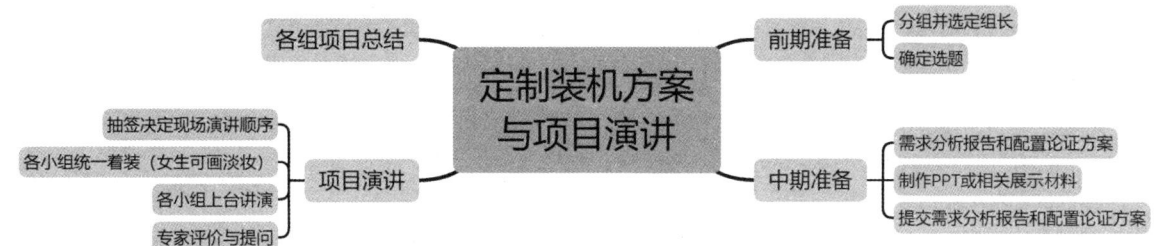

达标检测

教师对各方案进行优缺点评价,给出评价分数和改进意见。可按照 ISAS 评分细则进行评价,并将每组结果记录到表 2-9-4 中,最终得分记录到表 2-9-5 中,选出 1~2 个得分最高的小组进行经验汇报。

表 2-9-4 评分细则表

组员					
任务说明					
仪 态(50分)		内 容(40分)		配 合(10分)	
1. 仪表(职业着装,注意仪表,女性可画淡妆,注意行为举止)	10分	1. 需求分析应准确,价格配置定位清晰	20分	1. 小组成员切换时应注重承接	3分
2. 语言(使用普通话,语言简洁明了、吐字清晰)	30分	2. 讲清重点配件相关参数	10分	2. 在讲解过程中及回答问题阶段应注意互相补充和配合	5分
3. 其他(注意调动现场气氛,不遮挡屏幕内容)	10分	3. 简单解释相关技术	10分	3. 注意突出整体效果,不过分强调个人	2分
小计		小计		小计	
小组特色及加分					
小组得分					
个人得分					
建议和意见					

表 2-9-5　ISAS 小组评分表

小　组	文档 （15分）	PPT （30分）	着装 （5分）	演讲 （30分）	回答问题 （10分）	总结 （10分）	小　计
1							
2							
3							
4							
5							
6							
7							
8							
9							
10							
11							

注：每组演讲和回答问题后，请各组立即对该组进行评分。

（1）每个小组需要提交补充性文件（过程性材料和演讲稿）和所有电子文档。

（2）选出 1~2 个得分最高的小组进行经验汇报。

附

评分细则（参考）

1. 文档（15%）。

（1）每个小组最终交付一份至少 800 字的总结性文档，由组长负责。另附加每位组员各 500 字的文档。

（2）总体感觉要求正式、整洁、有封面及目录，排版工整、字体标准、装订规范。

（3）内容要求对主题把握准确，覆盖面广，观点清晰明确，须经过认真分析总结。

2. PPT（30%）。

（1）总体感觉要求精致、规范、专业，页面美观，文字简洁明了，可用多种表现形式，页数适当，一般不少于 5 页。

（2）主题明确，体现内容恰当，使用提纲性语言。

3. 着装仪表（5%）。

演讲时应注意仪容仪表，男生和女生着装均应符合职业要求（原则上男生穿西装、打领带，女生衣着应大方得体，可稍化淡妆，男生不留长发，女生不得染发等）。

4. 演讲（30%）。

（1）技巧（10%）：吐词清楚，声音洪亮，语速适中，富有感染力，注意与观众的互动交流，适当使用肢体语言。

（2）时间控制（5%）：8分钟左右。

（3）团队合作（5%）：演讲人员与PPT操作人员的配合，演讲人员间语言的过渡，皆要有默契。

（4）主题知识性（5%）：选择新颖的、与IT结合紧密的、前沿的、有影响力的，且对工作和学习有指导性、有价值的主题为佳。教师还需根据主题的难易程度来把握评分标准。

（5）内容覆盖面（5%）：主题把握准确，覆盖面广，观点清晰明确，须经过认真分析总结。

5. 回答问题（20%）。

教师提问适度，紧扣主题；学生回答问题应在主题范围内，基本做出回答或能指出解答方向。

拓展延伸

1. 分组讨论，形成总结性文档。

（1）知识：_____。

（2）技能：_____。

2. 收获体验：_____

_____。

3. 存在的问题：_____。

4. 想对老师说的话：_____

_____。

项目 3

计算机软件的安装与调试

任务 3.1　计算机的 BIOS

 学习目标

- 认识计算机的 BIOS，能完成基本的 BIOS 功能设置
- 了解 BIOS 的升级方法
- 尝试解决常见的因 BIOS 设置不当导致的计算机故障

 学习过程

◦━━━ 自主学习 ━━━◦

1. BIOS 的英文全称及中文含义是什么？

2. 主板 BIOS 主要有两大品牌，分别是_____（Phoenix 被_____收购）与_____。

精讲点拨

按产品外观及用途分类（第 2 小题和第 3 小题完成其中之一）。

（1）记录所使用主板的 BIOS 厂商并选择完成下列问题。

BIOS 厂商名称：_____；BIOS 版本号：_____。

（2）AMI BIOS 的设置：进入 AMI BIOS，观察界面后填写下列菜单包含的功能（可参考主板说明书）。

① Main（标准设定）。

_____

② Advanced（进阶设置）。

_____

③ Power（电源管理设置）。

_____

④ Boot（启动设备设置）。

_____

（3）AWARD BIOS 的设置：进入 AWARD BIOS，观察界面后填写下列菜单包含的功能（可参考主板说明书）。

① Standard CMOS Features（标准 CMOS 功能设定）。

_____

② Advanced BIOS Features（高级 BIOS 功能设定）。

_____

③ Advanced Chipset Features（高级芯片组功能设定）。

_____

④ Integrated Peripherals（外部设备设定）。

_____

⑤ Power Management Setup（电源管理设置）。

_____

⑥ PnP/PCI Configurations（系统的即插即用设备和 PCI 扩展槽设置）。

_____

⑦ Frequency/Voltage Control（频率、电压设置）。

_____

共同探究

BIOS 升级，将完成情况填入表 3-1-1 和表 3-1-2 中。

表 3-1-1　核心训练一

序号	步骤	完成情况 是	完成情况 否
1	修改日期为 2023-12-27		
2	关闭键盘自检报错		
3	记录 CPU 的频率、电压、温度		
4	关闭主板自带的网卡		
5	关闭主板自带的声卡		
6	关闭开机主板 Logo		
7	设置第一启动项为 CD-ROM		

表 3-1-2　核心训练二

序号	步骤	完成情况 是	完成情况 否
1	使用检查软件检测主板型号并记录下来		
2	登录主板官方网站，找到相应主板的技术支持		
3	下载主板 BIOS 升级程序		
4	使用主板官方 BIOS 在线升级工具升级 BIOS		

BIOS 升级贴士：

1. 首先务必要确保型号正确，要从官网查找对应的型号。注意有些主板型号很相似，但实际是有差别的，不能混用。

2. 升级过程须保持供电稳定，不能断电。

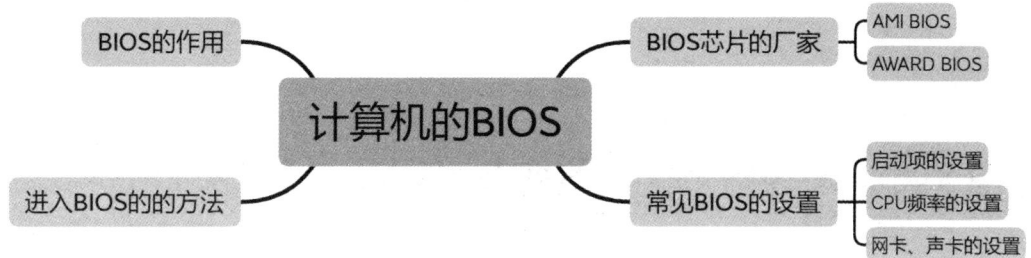

1. 保存 BIOS 设置的快捷键是（　　）。
   A．F2　　　　　B．Delete　　　　C．F10　　　　D．Tab
2. Full Screen Logo Show 设为 disable 的含义是（　　）。
   A．显示右上角厂商 Logo　　　　B．全屏显示厂商 Logo
   C．不显示右上角厂商 Logo　　　D．不全屏显示厂商 Logo
3.（多选）下列属于主板上集成的芯片有（　　）。
   A．芯片组芯片　　B．声卡芯片　　C．BIOS 芯片　　D．CPU
4.（多选）用于进入 BIOS 的常见快捷键有（　　）。
   A．Delete　　　　B．Ctrl　　　　C．F2　　　　D．Home

1. 了解微软 OEM Activation 3.0 系统，理解 BIOS 自带的 Product Key（产品密钥）是如何实现正版授权的，将内容简要记录下来。

2. 简述 AWARD BIOS 在 Windows 界面中的刷写工具 WinFlash 和 AMI BIOS 在 Windows 界面中的刷写工具 AmiFlash 的使用注意事项。

3. 尝试将开机 Logo 修改为自己的签名并简要记录操作过程。

任务 3.2　磁盘规划与分区、格式化

- 认识磁盘分区
- 能对磁盘进行分区、格式化等操作
- 能对磁盘分区进行合理规划

1. 简述标称容量为 500 GB 的硬盘格式化后容量小于 500 GB 的原因。

2. 简述 FAT32 与 NTFS 格式分区的特点。

○────── 精讲点拨 ──────○

1. 阅读课本，简述"物理盘（Physical Disk）"与"逻辑盘（Logical Disk）"的概念。

2．请画出方框图，展示主分区、扩展分区和逻辑盘的概念。

共同探究

1．使用 DiskGenius、PQmagic 等第三方软件对硬盘进行分区。

（1）划分主分区与扩展分区。新建主分区为硬盘容量的 30%，扩展分区为硬盘容量的 70%，完成操作并记录主分区容量为_____GB，扩展分区容量为_____GB。

（2）在扩展分区下新建两个逻辑分区，两个逻辑分区大小相同，完成操作并记录逻辑分区容量为_____GB。

（3）用 NTFS 格式化分区，执行并保存。

2．使用 Windows10 操作系统自带的磁盘管理程序对硬盘进行分区操作。

（1）对 D 盘执行"压缩卷"命令，并输入压缩空间量为 200000 MB 并执行压缩，操作如图 3-2-1 所示。

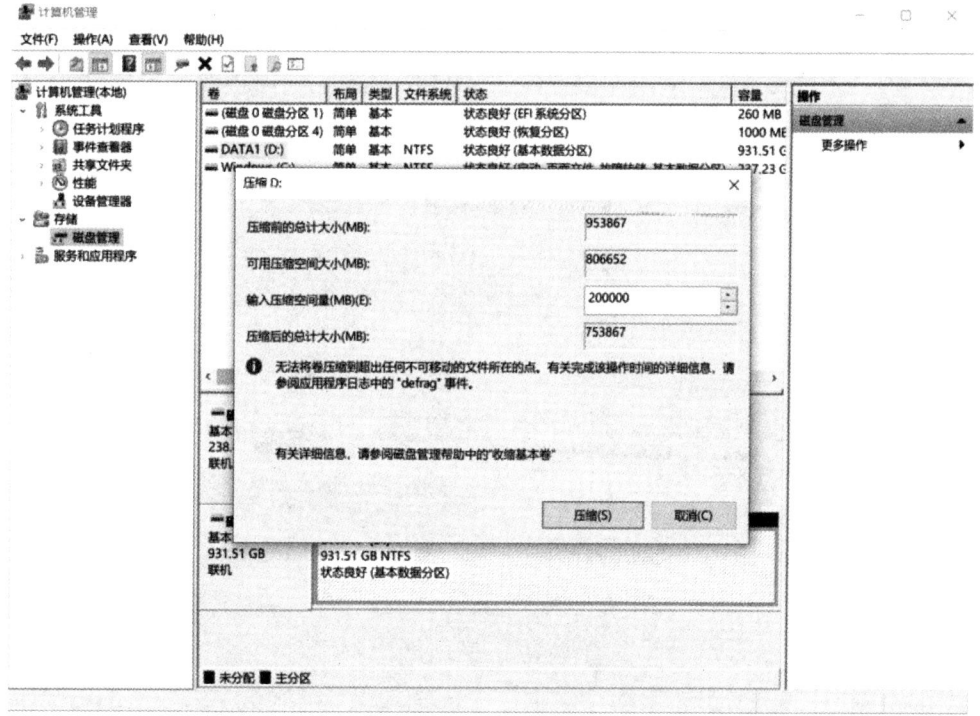

图 3-2-1　压缩卷

（2）对磁盘未分配的空间新建一个分区，如图 3-2-2 所示。

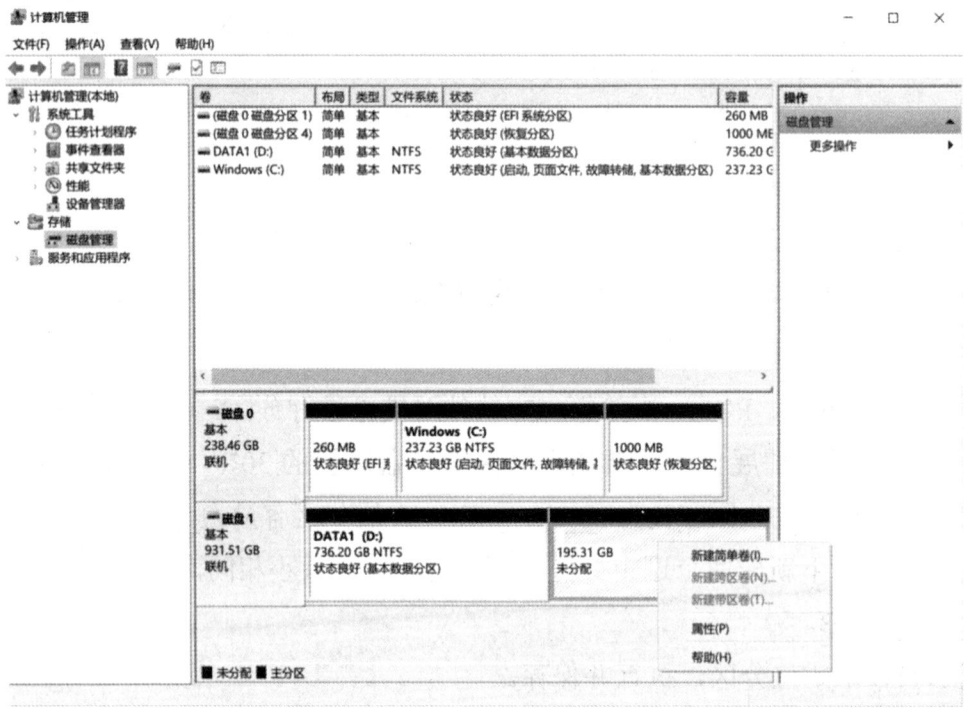

图 3-2-2　新建分区

（3）删除上一步新建的分区，并使用扩展卷功能将 200000 MB 的空间归还给 D 盘，如图 3-2-3 所示。

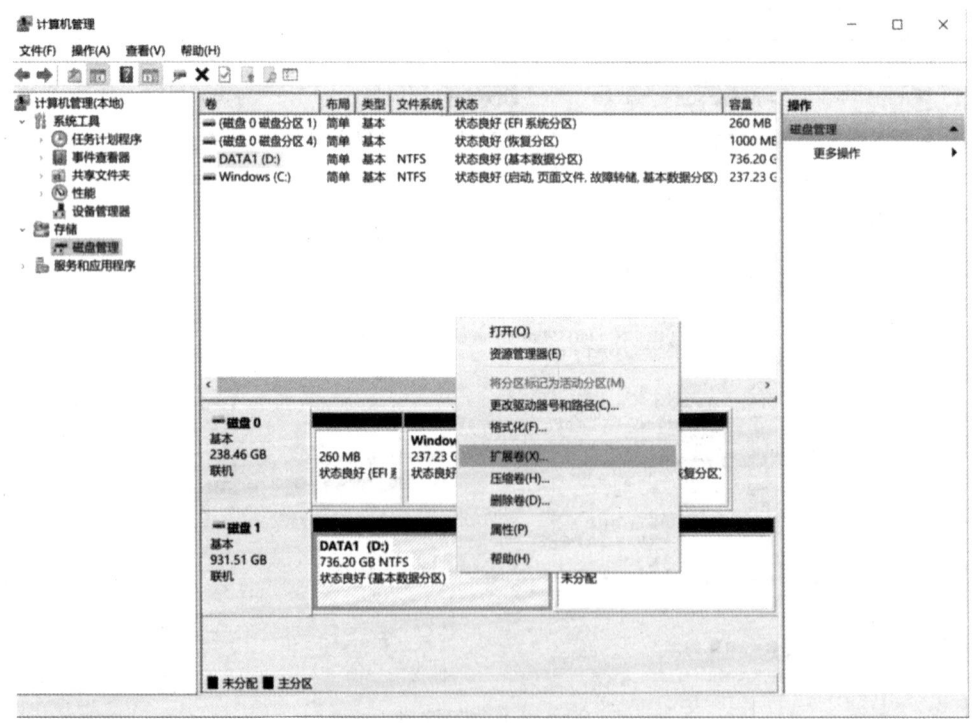

图 3-2-3　删除分区

1．对硬盘进行分区后，必须进行（　　）命令进行处理后，才可以在硬盘上存储信息。

　　A．Fdisk　　　　　　　　　B．Format 或格式化

　　C．Scandisk　　　　　　　　D．Delete

2．一般来说，在 Windows 操作系统中创建分区的正确顺序是（　　）。

　　A．先创建主分区，然后创建扩展分区，最后创建逻辑分区

　　B．先创建扩展分区，然后创建逻辑分区，最后创建主分区

　　C．先创建扩展分区，然后创建主分区，最后创建逻辑分区

　　D．先创建扩展分区，然后创建逻辑分区，最后创建主分区

3．NTFS 格式与 FAT16/FAT32 格式在存储文件时，体现在单个文件大小上的区别为 NTFS 格式的文件最大为（　　）。

　　A．2 GB　　　　　　　　　　B．3 GB

　　C．4 GB　　　　　　　　　　D．5 GB

4．保存 BIOS 设置的快捷键是（　　）。

　　A．F2　　　　B．Delete　　　C．F10　　　D．Tab

1．在使用计算机过程中发现 C 盘容量不够用，使用"傲梅分区助手"为 C 盘增加 20 GB 容量空间。

2. 简述 guid 和 mbr 分区表的区别。

3. 简述只适用于 U 盘的 exFAT 格式的优势。

任务 3.3　安装 Windows 操作系统

- 能按照实际需求为计算机安装 Windows 操作系统
- 能在安装 Windows 操作系统的过程中进行合理分区

1. 简述运行 Windows10 操作系统时所需要的硬件环境。

2. 请列举三款我国自主开发的操作系统。

3. 简述 32 位操作系统与 64 位操作系统的区别。

精讲点拨

制作 Windows10 操作系统安装工具的步骤如下。

（1）材料准备，可以上网的计算机、8 GB 以上的 U 盘。

（2）登录微软的官网的"下载 Windows 10"页面，单击"立即下载工具"按钮。

（3）启动下载好的安装工具、同意协议并选择介质。

（4）选择语言、版本及体系结构。

（5）选择 U 盘，并根据向导提示完成 U 盘工具的制作。

共同探究

安装 Windows10 操作系统。

（1）进入 BIOS，将第一启动项设置为 U 盘。

（2）重启计算机后，根据计算机提示或课本第 119～122 页的提示，完成 Windows10 操作系统的安装。

归纳整理

 **达标检测**

1. Windows 是一种（　　）操作系统。
   A．单用户单任务　　　　　　B．单用户多任务
   C．多用户单任务　　　　　　D．多用户多任务

2. 操作系统的主要功能包括（　　）。
   A．运算器管理、存储器管理、设备管理、处理器管理
   B．文件管理、处理器管理、设备管理、存储管理
   C．文件管理、设备管理、系统管理、存储管理
   D．管理器管理、设备管理、程序管理、存储管理

3. （多选）对于 Windows 操作系统功能描述正确的是（　　）。
   A．Windows 操作系统管理着计算机所有软件和硬件资源
   B．Windows 操作系统是计算机和人之间交互的接口
   C．Windows 操作系统可以进行文件管理
   D．Windows 操作系统源代码开放

4. （多选）下列属于操作系统的是（　　）。
   A．Linux　　　　　　　　　　B．HarmonyOS
   C．WPS　　　　　　　　　　D．iOS

 **拓展延伸**

1. 简述计算机操作系统的功能。

2. 使用虚拟机安装 Windows Server 2016 操作系统。

3. 简述鸿蒙操作系统可以运用的平台以及可能形成的系统生态。

任务 3.4　获取与安装设备驱动程序

- 了解驱动程序的作用
- 能为指定的设备获取正确的驱动程序
- 能为指定的设备安装正确的驱动程序

1．驱动程序的作用。

（1）从理论上来说，任何硬件设备都必须安装驱动程序后才能正常有效地工作，为什么键盘、显示器等设备一开机就已经可以开始工作了呢？

（2）为什么下载设备驱动程序时经常会出现×××　For Windows10 等字样？

（3）简述驱动程序的特点。

2．安装、更新驱动程序的方法。

阅读课本，并简要写出安装及更新驱动程序的步骤。

精讲点拨

1．品牌机或 DIY 组装机有驱动光盘或驱动程序安装包，应如何安装驱动程序？

2．某品牌机信息如图 3-4-1 所示，无驱动光盘或驱动程序安装包，如何安装驱动程序？

图 3-4-1　某品牌机信息

3．非品牌机无驱动光盘，如何安装驱动程序？

识别如图 3-4-2 所示的 4 张图片分别反映的是主板上集成的什么设备，并报出设备型号。

①＿＿＿＿＿　　　　　　②＿＿＿＿＿

图 3-4-2　非品牌机主板集成的相关芯片

③ _____   ④ _____

图 3-4-2 非品牌机主板集成的相关芯片（续）

4．有品牌，无官方网站。

了解"快科技（原驱动之家）"等驱动程序下载网站，并记录网址、版本等相关信息。

 共同探究

是否有更简单的方法来实现设备驱动程序的快速寻找及安装？

归纳整理

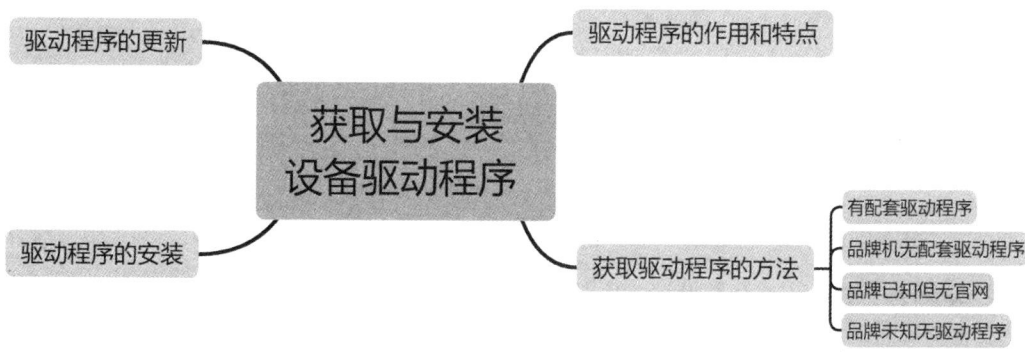

 **达标检测**

一、选择题

1. 在 Windows 设备管理器中出现红色叉号表示（　　）。
    A．该设备被禁用
    B．设备类型已识别但驱动程序未安装或安装不正确
    C．该设备工作正常
    D．驱动程序安装正确但设备工作不正常
2. 在 Windows 设备管理中出现黄色问号表示（　　）。
    A．该设备被禁用　　　　　　　　B．该设备未被操作系统识别
    C．该设备工作正常　　　　　　　D．该设备已被识别但驱动程序安装不正确

二、判断题

同一设备在不同操作系统中的驱动程序可以通用。　　　　　　　　　　　　（　　）

 **拓展延伸**

下载驱动程序的时候，会看到"公版"、"WHQL 版"或"β 测试版"等字样，通过网络搜索其含义，并简要记录下来。

任务 3.5　数据的备份、还原与复制

 **学习目标**

- 了解磁盘数据备份、还原与复制的基本知识
- 了解 Windows 操作系统的自带工具对磁盘数据进行备份与还原的方法
- 掌握并使用 Ghost 软件进行磁盘数据的备份与还原

学习过程

自主学习

1. 阅读教材，简述数据丢失的原因。

2. 简述 Windows 注册表的功能。

3. 请写出 General Hardware Oriented System Transfer 的简称及其功能。

精讲点拨

1. 操作备份及还原注册表。在 Windows10 系统中按 Win+R 组合键，打开"运行"对话框，在"打开"文本框中输入"regedit"命令，打开"注册表编辑器"窗口。
（1）选择"文件"→"导出"选项，将注册表备份文件存在 D 盘。
（2）选择"文件"→"导入"选项，将备份在 D 盘的注册表文件导入。

2. 使用 Windows 10 操作系统中的"系统还原"组件，实现磁盘数据的备份与还原，将完成情况填入表 3-5-1 中。

表 3-5-1　Windows10 操作系统还原功能实验

流　程	学　生　活　动	完 成 情 况	
		是	否
1	创建备份		
2	同组交换机器后，删除对方"开始"菜单栏中的"附件"		
3	进入安全模式进行系统还原		

共同探究

1. 使用 Ghost 软件实现磁盘数据备份与还原。

（1）Ghost 软件的启动方法如图 3-5-1 所示。

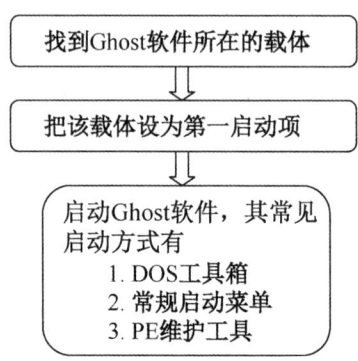

图 3-5-1　Ghost 软件的启动方法

（2）使用 Ghost 软件对 C 盘进行磁盘备份，并将图 3-5-2 右侧对应的内容序号填入左侧的流程图中。

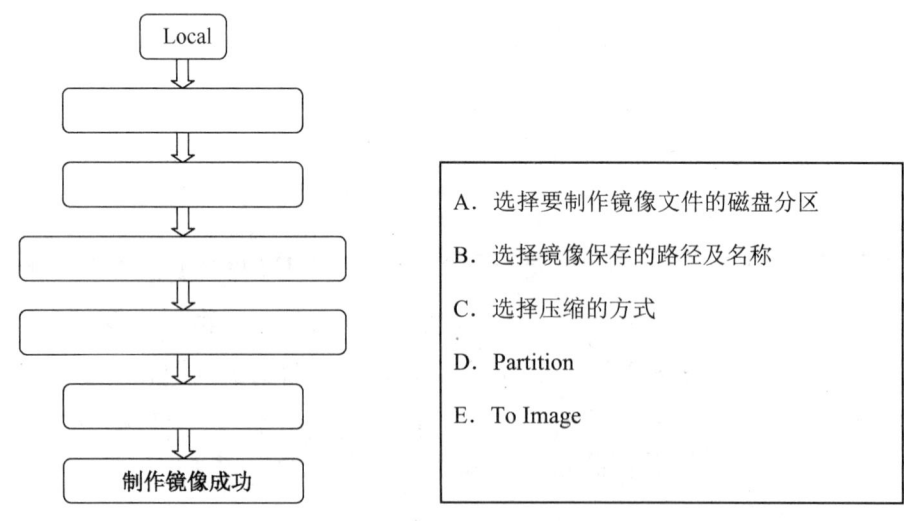

图 3-5-2　使用 Ghost 软件对 C 盘进行磁盘备份

（3）使用 Ghost 软件将镜像文件恢复到 C 盘，并将图 3-5-3 右侧对应的内容序号填入左侧的流程图中。

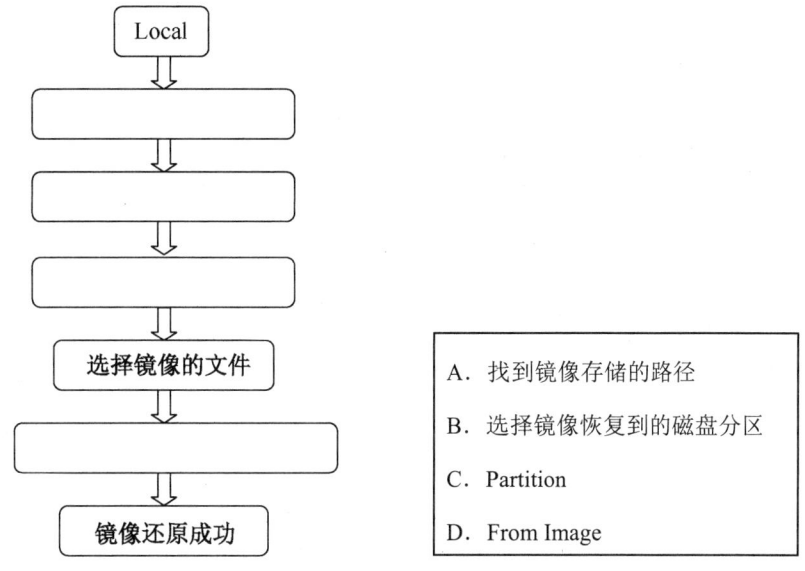

图 3-5-3　使用 Ghost 软件将镜像文件恢复到 C 盘

（4）Ghost 软件不同硬盘间数据的复制。Ghost 的 Disk 菜单下的子菜单项，可以实现硬盘与硬盘的相互复制。

在多台计算机的配置完全相同的情况下，可以先在一台计算机上安装好操作系统及软件，然后用"Disk－To Disk"功能将系统完整地"复制"到其他计算机中。

（5）制作操作系统镜像并还原，将完成情况填入表 3-5-2 中。

表 3-5-2　制作操作系统镜像并还原

序号	学生活动	完成情况	
		是	否
1	创建 C 盘镜像到 D 盘，保存名称为学号		
2	格式化 C 盘		
3	恢复镜像到 C 盘		

（6）根据上述操作填空。

① 保存镜像文件的文件名是_____。

② D 盘在 Ghost 软件中显示的盘符是_____。

③ C 盘在 Ghost 软件选中时提示的分区名称是_____。

 归纳整理

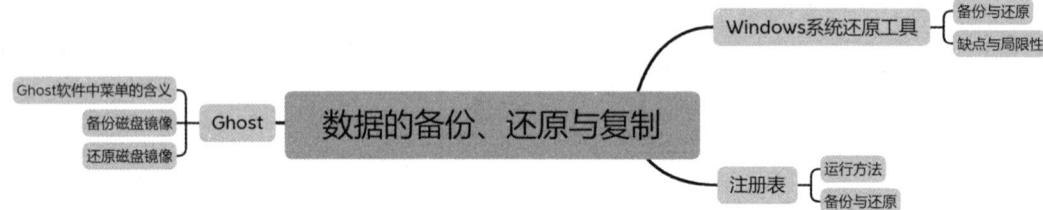

 达标检测

一、选择题

1. 下列选项对 Ghost 软件描述正确的是（　　）。
   A．Ghost 软件能够完整而快速地复制备份、还原整个硬盘或单一分区
   B．Ghost 软件是计算机和人之间交互的接口
   C．Ghost 软件是一个操作系统
   D．Ghost 软件是一个游戏软件

2. 运行注册表的命令是（　　）。
   A．regeidt　　　　B．ping　　　　C．cmd　　　　D．msconfig

二、填空题

翻译 Ghost 软件中的单词：Local_____、Partition_____、Disk_____、To_____、From_____。

拓展延伸

1. 简述 Ghost 软件三种压缩方式的区别。

2. 安装盗版 Ghost 操作系统会有哪些安全隐患？

3．尝试制作"老毛桃"U盘维护系统。

任务 3.6　维护计算机软件

 **学习目标**

- 了解常见的 Windows 操作系统自带维护工具的类型
- 了解测试、杀毒与优化软件的相关知识
- 利用软件对系统进行维护、优化、故障排除

 **学习过程**

　自主学习

1．阅读教材，简述系统维护工具软件的作用。

2．阅读教材，简述 Windows10 操作系统中自带的常见维护工具名称及功能。

3．完成表 3-6-1 的填写。

表 3-6-1　Windows 中自带的维护工具

程 序 名 称	作　　用
磁盘清理	
	Windows 的注册表编辑工具
Ping.exe	
	简单的计算机检测工具，可以检查出部分计算机故障隐患
IExpress.exe	

4．单击"开始"菜单，找到"Windows 附件"选项，观察并试用其中附带的小工具软件，并做简要记录。（某些自带维护工具存放在 Windows 系统的"System32"文件夹中，该文件夹中还有大量的实用工具，只是未出现在 Windows 附件菜单中。）

5．通过搜索引擎查找火绒安全官方网站，下载个人版安全软件并完成安装。选择主界面中的"安全工具"→"系统工具"选项，如图 3-6-1 所示。使用其中的维护工具进行本机的维护，并将各维护工具的作用简要记录。

图 3-6-1　使用"火绒安全"软件中的系统工具进行维护操作

精讲点拨

1. Windows 系统自带维护工具的使用。

（1）进行磁盘清理，如图 3-6-2 所示。

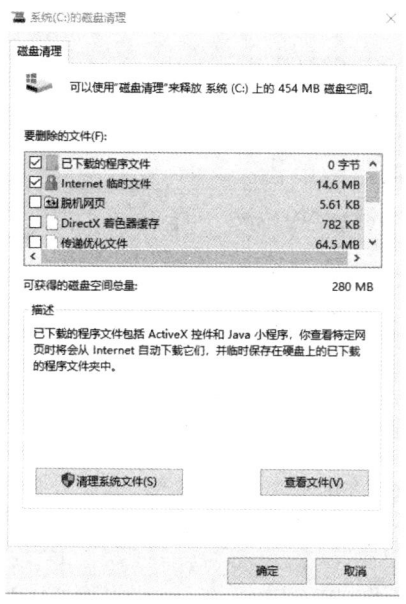

图 3-6-2　磁盘清理

磁盘清理是维护计算机的最常见的操作方法，其作用是_____

_____。

（2）进行系统还原，如图 3-6-3 所示。

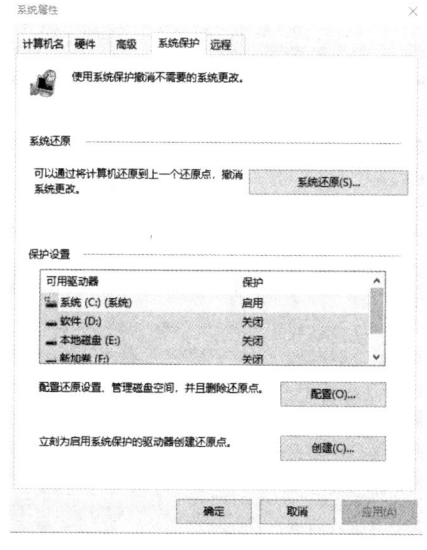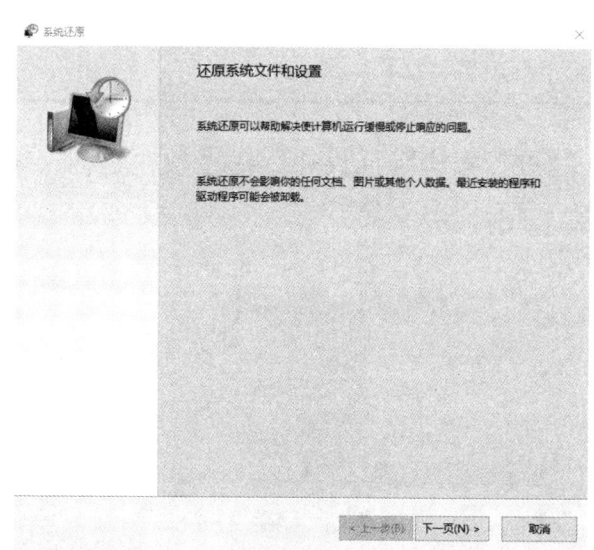

图 3-6-3　系统还原

双击"我的电脑",在C盘新建一个文件夹,命名为"2023"。对当前Windows的工作状态创建备份(还原点描述为"BACKUP")。

① 单击主界面中的"创建"选项,并单击"下一步"按钮。

② 在新的窗口中为当前创建的还原点加入描述"BACKUP",以便今后能快速识别本次还原点的主要情况。

删除新建的"2023"文件夹,同时删除C盘Windows文件夹中的一个文件,卸载安装在系统盘中的一个常用软件。对刚才备份的Windows的工作状态进行恢复。

① 选中主界面中的_____选项,并单击"下一步"按钮。

② 在新窗口中指定相应日期后,单击_____,单击"下一步"按钮。

③ 重新启动计算机,观察计算机当前的工作状态。

(3) ipconfig的使用。

调用ipconfig工具,对学生机的网络参数进行配置;在"命令提示符"窗口中,展示学生机的网络参数,输入_____后观察并记录:本机名为_____,IP地址为_____,子网掩码(Subnet Mask)为_____,默认网关(Default Gateway)为_____,DNS服务器(DNS Server)为_____。

2. 测试、优化等软件的使用。

(1) 通过搜索引擎查找并下载CPU-Z软件,了解本机相关信息并填写表3-6-2。

表3-6-2 利用CPU-Z软件测试系统信息

项 目 名 称	系 统 信 息	项 目 名 称	系 统 信 息
处理器名称		处理器工艺	
处理器插槽		处理器核心数	
内存类型		内存容量大小	
显卡型号		显卡容量大小	

(2) 通过搜索引擎查找并下载"微软电脑管家"软件,完成安装后试用,并简要记录使用过程。

共同探究

对于家庭使用的个人计算机使用一段时间后，应该进行定期维护，哪些工具可以为系统稳定可靠运行提供相关的保障？请综合考虑本任务所学的几种工具的配合使用，简述该怎么做。

归纳整理

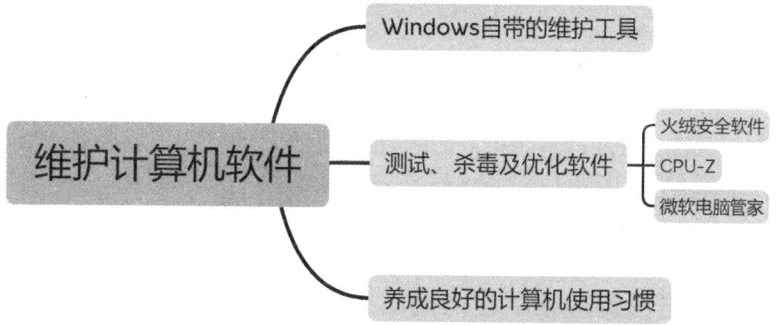

达标检测

一、填空题

1．通常可以使用下列 Windows 自带工具（　　）来进行当前机器开机程序加载情况检查。

  A．Ipconfig

  B．Msconfig

  C．Ping

  D．Explorer

2．Windows 系统经常会提示磁盘空间不足，用杀毒软件也没发现病毒，想要取得更多剩余空间，应执行（　　）命令。

  A．"附件"→"系统工具"→"磁盘碎片整理程序"

  B．"附件"→"系统工具"→"磁盘清理"

  C．"控制面板"→"设备管理器"→"硬盘"

  D．"附件"→"系统工具"→"备份"

3. 通过图 3-6-4 可以看出 CPU 型号为（　　）。

　　A．E1200　　　　　　　　　　B．11th Gen

　　C．I5 11400　　　　　　　　　D．SOCKET1200LGA

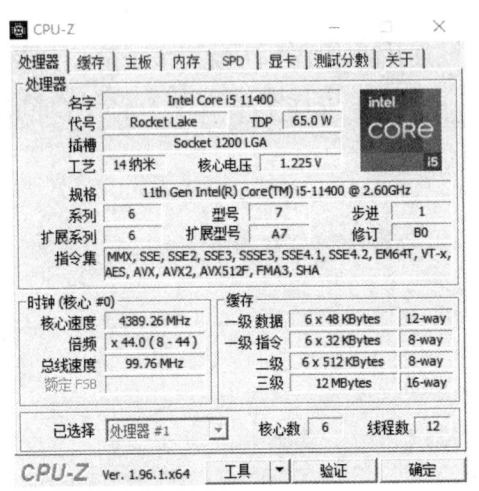

图 3-6-4　CPU-Z 测试

4. 在日常使用计算机的过程中应养成良好的操作习惯，以下操作错误的是（　　）。

　　A．上网时不要轻易接收不熟悉的邮件或点击链接

　　B．需要输入密码时应尽可能调整字符输入顺序或使用软键盘

　　C．不要随意浏览黑客网站、色情网站

　　D．关闭 Windows 及杀毒软件的自动更新设置

二、判断题

为了保证计算机的防病毒效果，可以同时安装多个防杀病毒软件以确保机器不被病毒侵染。　　　　　　　　　　　　　　　　　　　　　　　　　　　　　　（　　）

三、填空题

驱动之家网站是一个专门提供_____下载的网站。

 拓展延伸

1. 通过搜索引擎查找注册表编辑工具（regedit）的使用手册或教程，并进行学习。

2. 简要记录利用 Windows10 中自带的维护工具来完成 Windows 操作的步骤。

3. 查看自己所用的计算机中主要的应用软件，如杀毒软件、优化软件、音乐和视频播放软件等，记录软件的名称及版本。

任务 3.7　计算机整机安装与调试

- 了解计算机整机安装与调试的基本流程
- 掌握计算机整机安装与调试的规范化操作
- 养成良好、规范的操作习惯

1. 为了避免静电击穿半导体元器件，请列举两种可行的消除静电的方法。

2．简述 M.2 接口硬盘与 Sata 接口硬盘在安装上的差异。

3．写出主板与其他各硬件的连接方式。

精讲点拨

将计算机配置单及明细填入表 3-7-1 中（使用测试软件测试教学机）。

表 3-7-1 计算机配置单及明细

计算机配置单	
类　型	配　　置
主板	
CPU	
内存	
显卡	
硬盘	
电源	
机箱	
显示器	
主板规格参数	
品牌	
型号	
芯片组	
显卡支持	
CPU 接口类型	

续表

主板规格参数	
内存规格	
内存通道数	
集成声卡	
集成网卡	
主板类型	
主板外设接口	
CPU 规格参数	
品牌	
型号	
核心数、线程数	
核心代号	
接口类型	
主频	
缓存 Cache	
制程工艺	
集成 GPU 型号	
内存规格参数	
品牌	
型号	
类型	
适用机型	
容量	
速度	
显卡规格参数	
品牌	
型号	
接口类型	
核心型号	
核心频率	
显存类型	

续表

显卡规格参数	
显存容量	
显存位宽	
显存频率	
显示输出接口	
硬盘规格参数	
品牌	
型号	
类别	
接口类型	
容量	
转速/芯片颗粒	
通信协议	
显示器规格参数	
品牌	
型号	
面板尺寸	
屏幕比例	
最佳分辨率	
响应时间	
点距	
亮度	
对比度	
显示器接口	
自我评价	组长评价	教师评价
理解（ ） 了解（ ）	自主完成（ ） 协作完成（ ）	优秀（ ） 合格（ ） 不合格（ ）

学生随笔：

共同探究

1. 拆解计算机（拆解后将各部件放在指定位置，将完成情况填入表 3-7-2 中）。

表 3-7-2　拆解计算机

序　号	步　　骤	要　　求	自主完成	协作完成
1	拆卸外设	双手捧握显示器放到指定位置，不能对液晶面板施加压力；将键盘、鼠标放到指定位置		
2	拆卸侧面板	将侧面板放到指定位置，将螺钉放入指定储物盒		
3	拆卸电源线、数据线、前置面板线	要握住端口用力，不能拽线缆		
4	拆卸显卡	拔除显卡时要拨开显卡限位器，避免操作时触碰元器件		
5	拆卸硬盘、光驱	将硬盘、光驱放到指定位置，将螺钉放入指定储物盒		
6	拆卸主板	手持 CPU 散热器将主板取出，平放在桌面防静电袋上，将螺钉放入指定储物盒		
7	拆卸 CPU 散热器及 CPU	将 CPU 散热器放到指定位置，将 CPU 拉杆打开至 90°，取出 CPU 后拉杆恢复至 0°；将 CPU 放到指定位置；不能触碰 CPU 引脚触点和主板 CPU 接口		
8	拆卸内存	将内存插槽两端的扣具打开，取出内存放到指定位置，不可以触碰金手指		
9	拆卸电源	将电源放到指定位置，将螺钉放入指定储物盒		
拆卸项目评价				

2. 组装计算机（按照下列顺序组装计算机并填写安装要点，见表 3-7-3）。

表 3-7-3　组装计算机

序　号	步　　骤	安 装 要 点	小组确认	安装情况
1	安装电源			
2	安装 CPU 及散热器			

续表

序 号	步 骤	安 装 要 点	小 组 确 认	安 装 情 况
3	安装内存			
4	安装主板			
5	安装显卡			
6	安装光驱			
7	安装硬盘			
8	连接电源线			
9	连接数据线			
10	连接前置面板线			
11	整理内部连线			
12	连接外设			
	安装项目评价			

归纳整理

达标检测

1．（多选题）CPU 安装要点有（　　）。

　　A．金三角对齐　　　　　　　　B．拉杆拉至 90°

　　C．垂直用力插入 CPU 插座　　D．均匀涂抹散热硅脂

2．（多选题）主板的安装要点（　　）。

　　A．手持 CPU 散热器置入　　　B．待所有螺钉拧上后再对角线拧紧

　　C．用最大气力拧紧　　　　　　D．固定主板最少 4 颗螺钉

3．（多选题）内存安装要点（　　）。
   A．对齐缺口　　　　　　　　B．垂直用力
   C．搬开内存卡槽固定器　　　D．手动复位内存卡槽固定
4．（多选题）主板板载上的芯片有（　　）。
   A．声卡　　　　　　　　　　B．网卡
   C．BIOS　　　　　　　　　　D．内存

拓展延伸

1．为自己的计算机进行彻底除尘，并简述操作步骤。

2．品牌机和组装机的稳定性为什么会有差别？怎样保证组装机的稳定性？

3．详细描述组装计算机过程中的哪些步骤是可以颠倒的，哪些不可以。

附

组装计算机的步骤详解

1．安装电源。

先将电源放进机箱的电源位，分别拧上一颗螺钉（固定住电源即可，不要拧紧），然后将其余3颗螺钉孔位置对正，对角线拧紧。

要注意电源的散热方向并使铭牌朝向自己。

2. 安装 CPU 及散热器。

（1）Intel。

① 用适当的力向下微压，固定 CPU 的压杆，同时用力往外推压杆，使其脱离固定卡扣。

② 压杆脱离卡扣后，便可以顺利地将压杆拉起至 90°。

③ 将固定处理器的盖子与压杆反方向提起。

④ 仔细观察，处理器上印有三角标志的那个角要与主板上印有三角标志的那个角对齐，然后慢慢地将处理器摆放到位（这不仅适用于 Intel 处理器，而且适用于目前所有的处理器，特别是对于采用引脚设计的处理器，如果方向不对则无法将 CPU 全部安装到位，在安装时要特别注意）。

⑤ 将 CPU 安放到位以后，盖好扣盖，并反方向微用力扣下处理器的压杆。至此，CPU 便被稳稳地安装到主板上了，安装过程结束。

⑥ 安装散热器之前，要先在 CPU 表面均匀地涂上一层导热硅脂（硅脂不能过多，否则将导致外溢）。

⑦ 安装散热器时，将散热器的四角对准主板相应的位置，然后用力压下四角扣具即可。有些散热器采用了螺钉设计，因此散热器会提供相等大小的垫脚，使 4 颗螺钉受力均衡。

⑧ 将散热风扇接到主板的供电接口上。找到主板上安装风扇的接口（主板上的标志字符为 CPU_FAN），将风扇插头插入即可。

（2）安装 AMD。

① 用适当的力向下微压，固定 CPU 的压杆，同时用力往外推压杆，将拉杆拉至 90°。

② 仔细观察，处理器上印有三角标志的那个角要与主板上印有三角标志的那个角对齐，然后慢慢地将处理器摆放到位。

③ 将拉杆恢复到 0°。至此 CPU 便被稳稳地安装到主板上了，安装过程结束。

④ 安装散热器之前，要先在 CPU 表面均匀地涂上一层导热硅脂（硅脂不能过多，否则将导致外溢）。

⑤ 安装散热器时，将散热器的扣具先扣上一段，然后调整散热器，将另一端也固定牢靠。

⑥ 将散热风扇接到主板的供电接口上。找到主板上安装风扇的接口（主板上的标志字符为 CPU_FAN），将风扇插头插入即可。

3. 安装内存。

安装内存时，先用手将内存插槽两端的扣具打开，然后将内存垂直于主板放入内存插槽中。用两个拇指按住内存两端用力向下压，听到"啪"的一声响后，即说明内存安装到位（不要用手将扣具扣紧，如果安装到位，扣具会自动扣紧）。

4. 安装主板。

（1）将在主板的包装中提供的一块背挡板安装到机箱上。需要注意的是，不同主板背部的 I/O 接口是不同的。

（2）在安装主板之前，将机箱提供的主板垫脚螺母安装到机箱主板托架的对应位置。

（3）手持 CPU 散热器，将主板放入机箱中，可以通过机箱背部的主板挡板来确定是否摆放到位。

（4）找到固定铜柱，拧紧螺钉，固定好主板。在装螺钉时，全部螺钉安装到位后再将每颗拧紧，这样做的好处是可以对主板的位置进行微调。

5. 安装显卡。

将显卡垂直于主板插入显卡插槽后用螺钉固定好（高端显卡需要另外接电源供电）。

6. 安装光驱。

先把机箱面板的挡板去掉，然后把光驱从前面五寸槽口放进去（铭牌向上），确认前面板平齐后再固定光驱螺钉。

7. 安装硬盘。

SATA 接口硬盘：在机箱内找到硬盘驱动器舱，再将硬盘插入驱动器舱内，并使硬盘侧面的螺钉孔与驱动器舱上的螺钉孔对齐，用 4 颗螺钉固定牢固。

M.2 接口硬盘：找到主板上 M2 接口，倾斜着插入硬盘，不用使劲，带商标的一面向上插，插进去后向下轻压，使硬盘水平。根据硬盘大小，确定固定的位置，安装固定器。

8. 连接电源线。

（1）在主板上，可以看到一个长方形的插槽，这个插槽就是电源为主板供电的插槽。

（2）CPU 插槽旁有 4 pin/8 pin 的 CPU 供电插槽。

（3）硬盘供电插槽。

（4）光驱供电插槽。

9. 连接 SATA 数据线。

用 SATA 数据线将硬盘、光驱与主板相连接。

10. 连接前置面板线。

USB 接口和 AUDIO（音频）接口都有防呆设计，仔细观察是否连接牢靠。

按照主板说明书要求连接 Power SW 电源开关、Reset SW 重启开关、Power LED 电源指示灯、HDD LED 硬盘指示灯（LED 为发光二极管，有正负极要求，内部接线中一般默认白色为负极）。

11. 整理内部连线，合上机箱盖。

装机箱盖时，要先仔细检查各部分的连接情况，确保无误后，把主机的机箱盖盖上，上好螺钉，就成功地安装好主机了（机箱内部的空间并不宽敞，加之设备发热量都比较大，如果机箱内没有一个宽敞的空间，会影响空气流动与散热，同时容易发生连线松脱、接触不良或信号紊乱的现象)。

12. 连接外设。

主机安装完成以后，还要把键盘、鼠标、显示器、音箱等外设同主机连接起来，具体操作步骤如下。

（1）将键盘插头接到主机的PS/2紫色插孔上。

（2）将鼠标插头接到主机的PS/2绿色插孔上。

（3）接下来连接显示器的信号线，注意信号线也有方向，接的时候要注意和插孔的方向保持一致。

（4）连接显示器电源线。

（5）连接主机电源线。

计算机的维护与保养

任务 4.1 计算机产品使用的注意事项

 学习目标

- 了解计算机产品使用的环境要求
- 理解计算机产品使用的注意事项
- 掌握科学使用计算机的方法

 学习过程

 自主学习

1．环境对计算机的影响。
（1）灰尘对计算机产品的影响体现在哪些方面？

（2）磁场容易对计算机的哪些部件造成损坏？请举例说明。

（3）雷电天气对计算机产品使用有怎样的影响？应采取何种措施？

2．上网查阅并记录"火绒安全"软件在计算机防护方面的相关功能。

精讲点拨

1．计算机产品的使用环境。

（1）计算机理想的工作温度为_____，相对湿度为_____。当使用环境较为潮湿时，可以采取的措施是_____。

（2）对于因为梅雨季节后无法开机的情况，应该_____。

2．计算机产品的操作方式。

（1）计算机开关机顺序。

对于连接了打印机、扫描仪、音箱等外部设备的计算机，正确的开机顺序为_____；关机顺序为_____。

关机之前，需要关闭所有的程序。若程序未关闭就强行关机，容易对_____造成损害，影响计算机的使用寿命。

（2）软件的使用。

第一步：下载并安装"火绒安全"软件，使用并记录"系统修复"工具所检查出来的问题，如图4-1-1所示。

图4-1-1　"火绒安全"软件中的"系统修复"工具位置

第二步：使用"火绒安全"软件中的"流量监控"工具，根据你的实际需求手动设置并记录各应用程序的数据。

第三步：进一步探究"火绒安全"软件中的"火绒剑"工具，深入了解并记录当前计算机系统、进程、服务的相关信息。

友情提醒：要及时下载、更新杀毒软件和优化软件，不要使用盗版的游戏、程序软件，以免感染病毒；对于功能相近的软件，不要过多安装，避免浪费系统资源；应及时升级计算机硬件和外部设备的驱动程序。

共同探究

与台式机相比，笔记本电脑对于散热要求更高，使用一段时间后触摸笔记本电脑底部会感到烫手，此时温度已较高，那么温度过高会对笔记本电脑的使用产生什么影响呢？该如何解决这一问题呢？

归纳整理

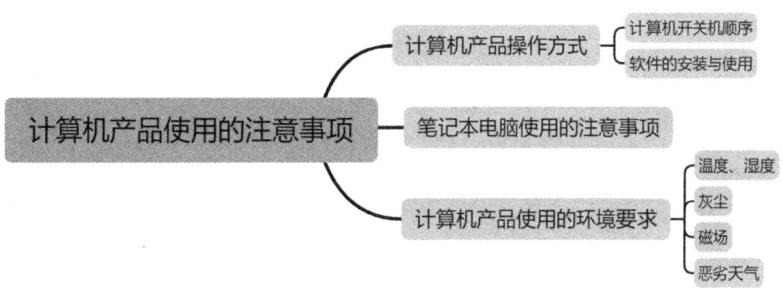

 **达标检测**

一、选择题

下列说法中，不正确的是（　　）。

    A．尽量不要在带电的情况下插拔任何与主机、外设相连的设备、插头、板卡等

    B．计算机长期不用时应加电几小时，以防其受潮、发霉

    C．为防止计算机感染病毒，可以尽可能多地安装不同种类的防护软件

    D．显示器屏幕遭磁化会引起"花屏"

二、判断题

目前笔记本电脑的外壳大都有屏蔽涂层，因此可以不用考虑电磁干扰。（　　）

三、简答题

灰尘和烟雾较重的环境也会对计算机造成较大的损害，它们主要是通过什么方式影响计算机正常运行的呢？

 **拓展延伸**

1．通过搜索引擎查询南极科考队使用的计算机的配置与我们日常使用的计算机的配置有何不同。

2．与其他设备的电池一样，笔记本电脑的电池也有使用寿命，简述如何延长笔记本电脑的电池使用寿命。

任务 4.2 打印机色带、墨盒与硒鼓的更换

学习目标

- 了解打印机工作的基本原理
- 了解打印机的内部结构
- 掌握打印机配件的更换方法

学习过程

---◦ **自主学习** ◦---

1. 上网查询三种打印机的大致价位。
（1）针式打印机：_____。
（2）喷墨打印机：_____。
（3）激光打印机：_____。
2. 了解三种打印机的主要耗材。
（1）针式打印机：_____。
（2）喷墨打印机：_____。
（3）激光打印机：_____。

---◦ **精讲点拨** ◦---

1. 色带的更换（以爱普生 LQ-690K 色带盒更换视频为例）。
通过网络搜索视频，给出相应网址：_____。
观察并记录关键步骤。

2．墨盒的更换（以爱普生 T50 彩色喷墨打印机为例）。

对于喷墨打印机，如果墨水错误指示灯🜉闪烁或闪亮，则表示＿＿＿＿＿＿＿＿。

该系列打印机的墨盒种类是＿＿＿＿＿＿，墨盒的数量是＿＿＿＿＿＿＿＿。

（1）墨水的添加（搜索并给出视频网址：＿＿＿＿＿＿＿＿＿＿＿＿＿＿）。

（2）墨盒的安装（搜索并给出视频网址：＿＿＿＿＿＿＿＿＿＿＿＿＿＿）。

观察并记录关键步骤。

3．激光打印机硒鼓的更换（以惠普 108W 打印机硒鼓更换为例）。

通过网络搜索视频，并给出相应网址：＿＿＿＿＿＿＿＿＿＿＿＿＿＿＿＿。

观察并记录关键步骤。

作为激光打印机的耗材，原装耗材与非原装耗材的区别在于＿＿＿＿＿＿＿＿。

发生碳粉漏粉现象的原因：＿＿＿＿＿＿＿＿＿＿＿＿＿＿＿＿＿＿＿＿。

共同探究

1．对于家庭常用的激光打印机，如果出现因为硒鼓碳粉耗尽，打字不清楚的情况，可以通过什么方法解决？如果从节省成本的角度，应该怎么做？如何实现？

（注意：在为硒鼓添加碳粉操作时，请务必佩戴口罩，以防碳粉吸入体内影响身体健康！）

2．要想延长打印机使用寿命，在日常使用过程中需要定期对打印机进行维护清洗，根据经验或上网查找打印机维护清洗的方式并记录要点。

1. 激光打印机的核心部件是（　　）。
   A．激光器和转印辊　　　　　　B．激光器和硒鼓
   C．激光器和加热丝　　　　　　D．激光器和碳粉
2. 激光打印机激光扫描系统部件脏污会导致（　　）现象。
   A．打印效果浅淡　　　　　　　B．卡纸
   C．损坏硒鼓　　　　　　　　　D．没有影响
3. 以下不属于喷墨打印机机械装置的是（　　）。
   A．墨盒　　　　　　　　　　　B．字车机构
   C．链轮输纸器　　　　　　　　D．清洗系统

拓展延伸

1. 打印机总是出现卡纸的现象，尝试分析故障原因。

2. 查询市场上还存在哪些与课本中不同类型的打印机。

3. 利用网络搜索"3D打印机"和"热蜡式打印机"的相关知识。

任务 4.3　数据的抢救与恢复

- 了解常见的用于数据恢复的软件类型
- 掌握数据恢复软件的操作方法
- 能使用软件对丢失的数据进行恢复

1. 通过网络搜索，列出目前市面上常用的数据恢复软件。

2. 简述数据恢复软件的主要功能。

3. 通过网络搜索并下载数据恢复软件（R-Studio 和 WinHex）。

◦ 精讲点拨 ◦

1. 数据恢复功能。

在以下数据恢复中：

① 恢复因病毒感染丢失的数据；② 恢复因误操作所删除的数据；③ 恢复因格式化丢失

的数据；④ 恢复因硬盘盘片的坏道造成丢失的数据；⑤ 恢复因电机故障造成丢失的数据。

属于逻辑层恢复的是＿＿＿＿＿＿＿＿＿＿＿＿＿＿＿＿＿＿＿＿＿＿＿＿＿＿＿；

属于物理层恢复的是＿＿＿＿＿＿＿＿＿＿＿＿＿＿＿＿＿＿＿＿＿＿＿＿＿＿＿。

2．分别简述 R-Studio、WinHex 软件的使用场景。

3．数据恢复软件的使用。

（1）在 D 盘新建一个 Word 文档，删除该文档并清空回收站，运用 WinHex 软件的"数据恢复"功能，完成对删除文档的数据恢复，并记录操作步骤。

（2）将 E 盘格式化，运用 R-Studio 软件的"数据恢复"功能，完成对格式化磁盘的数据恢复，并记录操作步骤。（**注意：可以事先对 E 盘的数据进行备份。**）

（3）运用 R-Studio 软件的"文件修复"功能，对遭到破坏的 Word 文档进行数据的恢复，并记录操作步骤。

（4）打开被恢复的文档，观察文档是否已恢复正常。

共同探究

以"数据恢复软件"或"数据还原软件"为关键字进行网络搜索，列举除 R-Studio、WinHex 外的其他可进行数据恢复的软件，并记录这些恢复软件的使用要点。

归纳整理

达标检测

一、选择题

1. 下列说法中，正确的是（　　）。

    A．U 盘的数据一旦删除就不能进行恢复

    B．对于丢失引导记录的硬盘是可以进行数据恢复的，但是分区表一旦丢失就不可恢复

    C．格式化后的硬盘数据仍然可以恢复

    D．EasyRecovery 是一款优秀的数据恢复软件，同时也具备杀毒功能

2. 下列软件中，（　　）不是数据恢复软件。

    A．FinalData　　　　　　　　B．Photoshop

    C．DiskGenius　　　　　　　D．Recover My Photos

3. 用 WinHex 软件打开创建的虚拟磁盘，磁盘是从（　　）扇区开始的。

    A．0　　　　B．1　　　　C．2　　　　D．3

4. 下面不属于逻辑层恢复的是（　　）。
   A．病毒感染的数据　　　　B．磁盘盘片坏道
   C．因误操作删除的数据　　D．被格式化的数据

二、判断题

从运行的角度来看，计算机故障分为硬件故障和软件故障。　　　　（　　）

拓展延伸

1. 上网查询在数据恢复过程中的注意事项，记录哪些操作容易对数据恢复造成二次破坏。

2. 根据日常经验或网络搜索，总结常见的数据丢失或损坏的情况，并给出解决方案。

任务 4.4　计算机的清洁与保养

学习目标

- 了解计算机清洁与保养的一般方法
- 理解计算机清洁与保养的注意事项
- 培养良好的计算机清洁与保养意识

学习过程

自主学习

1. 根据经验，写出下面计算机清洁用具的名称。

   图 4-4-1 是＿＿＿＿＿＿＿＿＿＿＿＿＿＿＿；图 4-4-2 是＿＿＿＿＿＿＿＿＿＿＿＿＿＿＿；

   图 4-4-3 是＿＿＿＿＿＿＿＿＿＿＿＿＿＿＿；图 4-4-4 是＿＿＿＿＿＿＿＿＿＿＿＿＿＿＿。

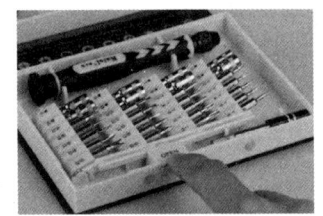
图 4-4-1　计算机清洁工具 1

图 4-4-2　计算机清洁工具 2

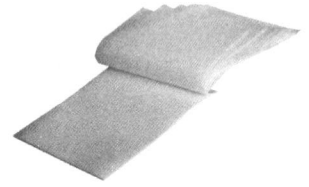
图 4-4-3　计算机清洁工具 3

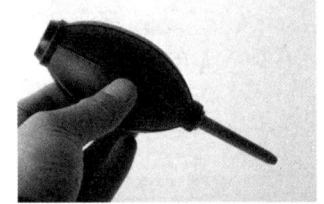
图 4-4-4　计算机清洁工具 4

2. 阅读课本，总结进入机房前消除自身静电的方法。

3. 阅读课本，总结计算机内部与外部清洁与保养的要点。

精讲点拨

计算机清洁与保养实操：对照课本中的表 4-1-1 及表 4-1-2，对自己的计算机进行清洁并进行自评。

自评：_____（A、B、C）。 反思：_____

_____。

标准：A. 在规定时间内按照步骤快速、完美地完成任务；
   B. 在清洁前、中、后有个别步骤没完成或做得不好，但总体目标达成；
   C. 大多数步骤没做，任务没达成。

共同探究

笔记本电脑是精密设备，定期清洁和保养十分有必要，对照台式机清洁与保养的操作步骤，总结笔记本电脑清洁与保养的要点。

归纳整理

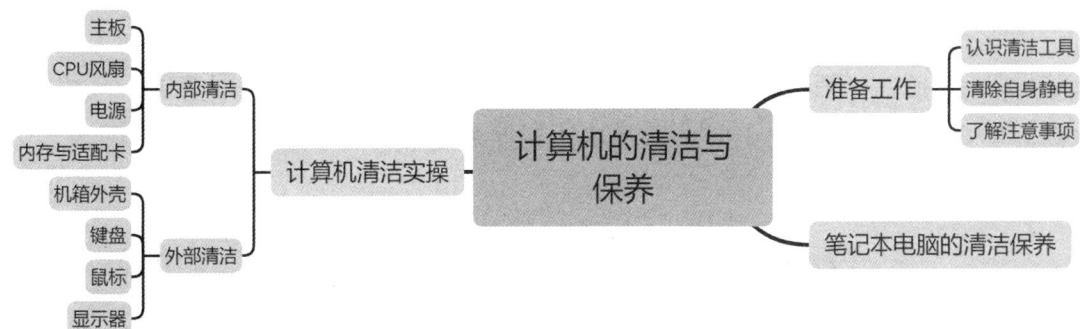

 达标检测

一、选择题

下列做法不正确的是（　　）。

    A．在使用计算机时尽量不吃东西、喝饮料

    B．不使用所谓的"光驱清洁盘"清洁光驱磁头

    C．不使用有机溶剂清理显示器或键盘表面

    D．机器工作时用湿抹布擦拭 CRT 显示器

二、简答题

简述如何对主机板卡进行清洁与保养。

三、实操题

按照计算机清洁保养的方法，对家用计算机进行清洁与保养，并记录操作过程。

 拓展延伸

计算机除了台式、笔记本类型外，还有一体机、平板等类型，上网查阅一体机、平板电脑的结构，结合本节课所学知识，总结其清洁与保养要点。

项目 4 计算机的维护与保养

附

注重计算机清洁，保养健康生活，10条计算机故障的罪魁祸首

根据专业人士统计，计算机机箱内的病菌比公共卫生间多400倍，定期清洁计算机可以有效地抑制细菌滋生，避免疾病的蔓延。灰尘作为计算机硬件的头号杀手，对计算机的使用寿命存在严重的影响。计算机使用一段时间后肯定会有很多灰尘，灰尘进入机箱后影响风扇正常工作，产生强烈的噪声，甚至影响散热，对硬件造成损坏。以下列出了10条计算机因为灰尘引起的故障。

（1）风扇声音过大，强烈的噪声严重影响使用者的心情。
（2）CPU温度过高，引发蓝屏，或者开机不能正常进入Windows操作系统。
（3）显示器经常黑屏。
（4）经常死机。
（5）开机后不能正常启动，没有主板提示音。
（6）内存不能正常工作造成蓝屏。
（7）因为灰尘的导电性，长时间不清洁的机器可能存在短路的危险。
（8）光驱打不开。
（9）USB或各种接口失去作用。
（10）损坏主板电池，造成数据丢失。

任务 4.5　简单网络的搭建

学习目标

- 了解一般网络的基本功能
- 能绘制简单网络的连接拓扑图
- 学会合理选择交换机、路由器等设备，并按拓扑图连接

学习过程

―――――――― 自主学习 ――――――――

1. 对于简单网络来说，一般可以实现＿＿＿＿＿、＿＿＿＿＿、＿＿＿＿＿等功能。

2. 如图 4-5-1 所示，简单网络包含_____、_____、_____等设备，其中_____和_____属于网络设备。

3. 智能手机等设备通过_____（网络设备）无线接入家庭网络。

4. 如图 4-5-2 所示，家用无线路由器一般有 4 个有线接口，连接 PON 用去一个接口，剩下接口可以连接 3 台有线网络终端，如果要连接更多有线网络终端，则需要增加_____。

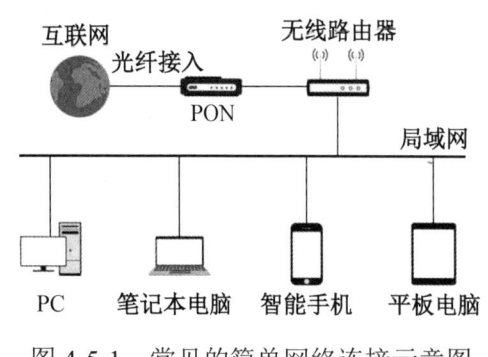

图 4-5-1　常见的简单网络连接示意图

图 4-5-2　家用无线路由器

5. 当无线接入区域较大时，则需要增加无线控制器_____以及无线接入点_____。

6. 网络终端必须设置 IP 地址后才能接入局域网，智能手机在接入局域网时，并没有设置 IP 地址，但仍然可以正常使用，这是因为路由器开启了_____服务功能，使智能手机可以自动获得 IP 地址。

精讲点拨

1. 打开接入局域网的终端设备，如计算机、智能手机等，查看 IP 地址、子网掩码、DNS、网关并做简要记录。

2. 列举局域网可以配置的常用 IP 地址网段，该网段有多少个 IP 地址可以使用？

3．接入网络的计算机若不想自动获得 IP 地址，应如何设置？

4．网络设置中的 DNS 和网关起到了什么作用？若忘记设置或设置错误，会出现什么情形？

5．简述共享文件夹的操作步骤。

6．设置固定 IP 地址、自动获取 IP 地址和 PPPOE 拨号是接入外网的主要方式，ISP 采用的主流接入外网方式是 PPPOE 拨号，请简述 PPPOE 拨号方式的主要特点。

共同探究

1．在物理连接好网络设备后，设置无线路由器成为共享上网最关键的一步，尝试写出设置无线路由器的关键点。

2. 通常一个家庭或一个办公室最多有一台打印机，若同一局域网内其他计算机也想使用该打印机，可以通过共享打印机来实现，尝试写出共享打印机的操作步骤和设置过程。

3. 小刚对安装打印机的计算机采用了"自动获得 IP 地址"的方式设置网络地址并共享了打印机，一开始其他计算机还可以访问并使用打印机，但过段时间后无法连接和使用打印机了。请你想想是什么原因，如何解决？

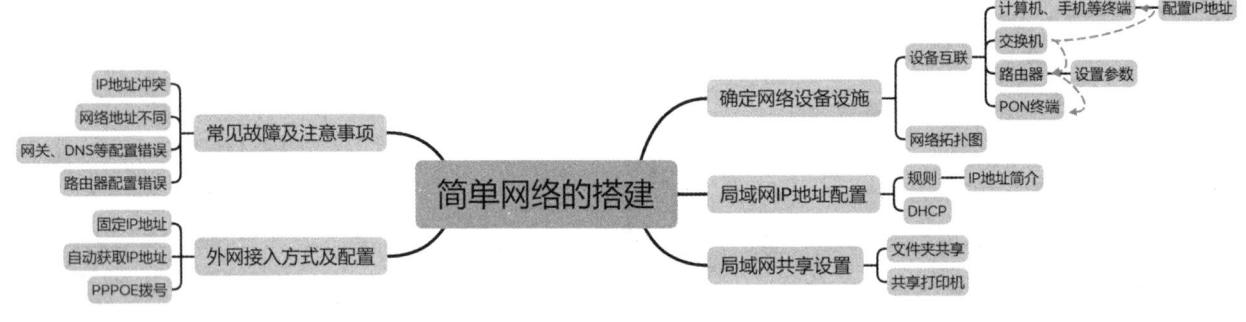

达标检测

一、选择题

1. 下列不属于网络设备的是（　　）。
　　A．路由器　　　　　　　　　　B．交换机
　　C．调制解调器　　　　　　　　D．键盘

2. 下列不属于小型企业或家庭网络中常用功能的是（　　）。
　　A．计算机、智能手机共享上网　　B．共享网络打印机

C．方便再接入计算机或手机　　D．网络区域存储

3．PON 设备一端连接外部的 ISP 设备，一端连接（　　）局域网设备。

A．路由器　　　　　　　　　　B．交换机

C．智能手机、计算机　　　　　D．打印机

4．下列局域网 IP 地址设置正确的是（　　）。

A．192.168.1.0　　　　　　　　B．192.168.1.255

C．120.1.13.45　　　　　　　　D．192.168.1.1

5．下列属于 B 类 IP 地址的是（　　）。

A．127.0.0.1　　　　　　　　　B．190.0.0.1

C．192.0.0.1　　　　　　　　　D．120.0.0.1

6．采用路由器接入外网时，下列不属于常用外网接入方式的是（　　）。

A．固定 IP 地址　　　　　　　 B．自动获取 IP 地址

C．PPPOE 拨号　　　　　　　　D．使用 SIM 卡或上网卡

二、判断题

1．智能手机、笔记本电脑等设备无须设置 IP 地址也可以接入局域网，因此它们没有 IP 地址。（　　）

2．局域网内两台计算机必须设置相同的网关、DNS 和 IP 地址。（　　）

3．在设置 DHCP 服务时，设置的地址池范围可以和已经设置的 IP 地址重复，不会产生影响。（　　）

拓展延伸

1．小明表哥新买的房子，四室两厅，现在要搭建局域网，进行网络布局，请小明帮忙设计。要求每个房间、客厅和餐厅都可以有线或无线接入局域网并访问互联网，客厅有一台网络电视机，书房有一台打印机可以连接局域网设备共享使用，家中还有若干个智能联网家居，如智能门锁、智能空调、智能洗衣机、智能台灯、智能电饭煲等，要求均能连入局域网。

（1）画出网络设备连接简略图。

（2）为了防止在设置 IP 地址时出现重复和混乱的问题，是否可以提前规划？如何规划？

（3）新房墙体较厚，无线信号穿墙效果不好，若要实现每个房间都能有线或无线接入局域网，应如何设计？

计算机的故障排除

任务 5.1　计算机故障的分类

 **学习目标**

- 能根据计算机的故障现象对其进行故障分类
- 了解各类计算机故障的排查方法

 **学习过程**

---──○ 自主学习 ○──---

了解计算机系统的正常工作必须满足的条件。

（1）阅读课本，了解一个完整的计算机系统所包括的部分。并作图描述。

（2）当计算机工作异常时，一般有几种故障类型？请作图描述。

精讲点拨

了解计算机故障的特征。

（1）计算机软件故障的特征有哪些？

（2）计算机硬件故障的特征有哪些？

（3）计算机软件和硬件配合不良故障的主要特征有哪些？

（4）网络功能故障的主要特征有哪些？

共同探究

1. 如果你是计算机行业销售服务人员，计算机故障的一般处理流程是_____ _____等。将内容填入表 5-1-1 中。

表 5-1-1　计算机故障的一般处理流程

故障处理流程	具 体 工 作

2．通过网络搜索"计算机硬件故障排查方法"和"计算机软件故障排查方法"关键字，将搜索内容摘录填入表 5-1-2 中。

表 5-1-2　内容摘录

计算机硬件故障排查方法	计算机软件故障排查方法

计算机维修不仅需要过硬的软件和硬件知识，还需要长期积累对计算机故障处理的经验。

3．尝试通过按"Ctrl+Alt+Delete"组合键启动任务管理器，然后在进程里结束占用资源过高的进程。

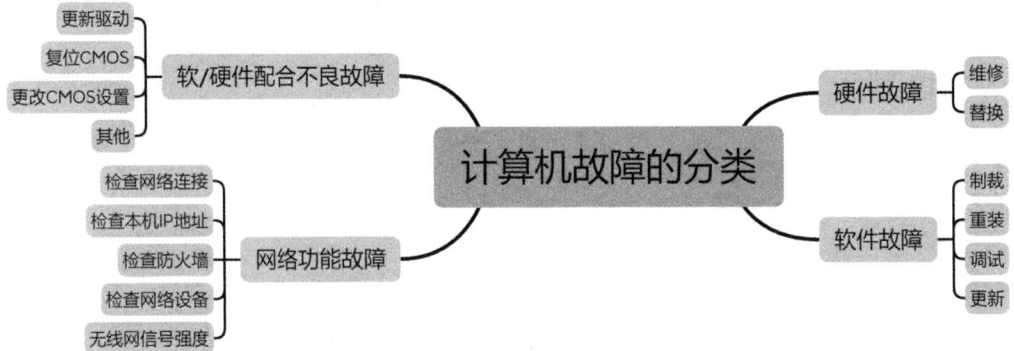

1．使用 Windows 操作系统自带的"Msconfig.exe"程序，查看并记录有哪些常见的程序被启动，尝试屏蔽不需要开机自行启动的程序。

2．一台计算机进行分辨率调整后，出现黑屏和无法显示的情况。请分析原因，并给出解决方法。

3. 请给出计算机故障检测一般方法和思路。

 拓展延伸

1. 计算机硬件故障的芯片级维修。
利用网络搜索芯片级维修的概念。这门技术有哪些关联学科？

2. 对于计算机软件故障，有哪些应用软件可以进行检测修复？结合自己的使用经验谈谈感受。

3. 解决计算机故障是一个需要长期实践经验积累、融合和提高的过程。你做好这方面的准备了吗？你会如何积累提高自己的维修水平？

任务 5.2　计算机故障检测的一般方法

 学习目标

- 学会用加电自检法检测故障
- 学会综合运用最小系统法与加电自检法找出故障部件
- 学会用硬件替代法来排除故障

学习过程

自主学习

1. 了解计算机加电自检的两大部分及其主要步骤。

（1）阅读课本，简述 POST 程序。

（2）写出加电自检关键部件和非关键部件两部分的主要检测步骤。

2. 了解计算机加电自检的故障报警声。

（1）有哪几种厂家生产开发 BIOS？

（2）AWARD 公司生产的 BIOS 是市面上最常见的，请根据报警意义补充表 5-2-1。

表 5-2-1　故障报警

报 警 声	报 警 意 义
	系统正常启动，没有任何问题
	常规错误，请进入 CMOS Setup，重新设置不正确的选项
	内存或主板出错
	显示器或显示卡错误
	键盘控制器错误
	主板 Flash RAM 或 EPROM 错误，BIOS 损坏
	内存条未插紧或损坏
	电源有问题

3．学会加电自检法与最小系统法的配合。

（1）自绘计算机硬件系统框图，并在图中用红笔标示出哪些是计算机最小系统的构成硬件。

（2）加电自检法与最小系统法配合检测计算机硬件故障有什么的优点？

4．硬件替代法与其一般操作步骤。

什么是硬件替代法？

精讲点拨

1．加电自检关键部件的主要步骤为_____、_____、_____、_____、_____、_____、_____、_____等。

2．非关键部件的主要测试步骤为_____、_____、_____、_____等。

POST过程进行非常快，正常情况下只需10秒左右，完成时蜂鸣器会发出"嘟"的声音。

通过上述自检流程可以发现，加电自检程序只检查CPU、内存、键盘、硬盘、显卡等基本部件，对于声卡、网卡等部件不进行检测。

共同探究

1．分小组思考如何模拟设置计算机常见故障。尝试如何能不损坏计算机硬件的前提下，设置简单计算机硬件故障，并将方法填入表5-2-2中。

表 5-2-2　设置简单计算机硬件的方法

所设置故障的部件	设置使用方法	显示器信号指示灯状态	主蜂鸣器鸣叫声	主电源指示灯	主硬盘指示灯	电源风扇转动与否	CPU 散热器是否发热

2．使用加电自检法记录硬件故障，并填写表 5-2-3。

表 5-2-3　加点自检法记录硬件故障

自检屏幕/蜂鸣器错误提示	故 障 原 因	解 决 方 法

3．阅读课本，并结合自己在平时的实验课中或处理计算机故障时，有哪些故障在处理过程中运用了硬件替代法。

4．使用加电自检法记录硬件故障过程中，实验用计算机 BIOS 品牌_____，进入 coms 设置的快捷键是_____。

归纳整理

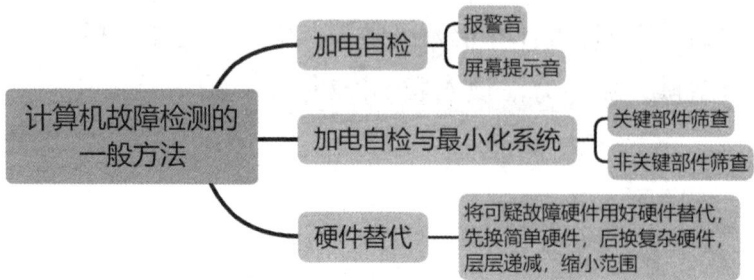

 **达标检测**

1. 加电自检过程中如果发现有错误，系统会做如何处理？

2. 一台计算机按下开机按钮后，电源指示灯亮，硬盘灯不亮，显示器正常但无显示，光驱能打开运转，请对这个故障做故障分析。

 **拓展延伸**

1. 阅读教材第 213 页中的 6 个典型故障实例，从中获取判断计算机故障的思路。

2. 在实际的故障维修中除了教材介绍的方法思路，还有哪些工具可以帮助判断和缩小故障范围？（提示：书后知识补充部分。你还有什么简单快捷的办法？）

任务 5.3　排除典型故障

 **学习目标**

- 能分析计算机黑屏、不发声、不能上网等典型故障现象，并找出故障点
- 学会归纳总结解决计算机故障的步骤和方法

学习过程

自主学习

计算机的故障的排查策略是什么？

精讲点拨

1. 黑屏故障。

（1）将会使计算机显示器黑屏的必备部件填入表 5-3-1 中。

表 5-3-1 使计算机显示器黑屏的必备部件

序　号	必备部件名称
1	
2	
3	
4	
5	
6	
7	
8	
9	

（2）将黑屏时各部件的主要故障现象填入表 5-3-2 中。

表 5-3-2　主要故障现象

序号	发生故障的部位	主要故障现象
1	电源供电插座故障	
2	电源线缆故障	
3	主机电源故障	
4	主板 BIOS 故障	
5	主板 CPU 供电模块故障	
6	CPU 故障	
7	内存条或内存插槽故障或接触不良故障	
8	显卡故障或显卡接触不良故障	
9	显示信号线缆故障	
10	显示器亮度调节过暗	

2．计算机不发声。

（1）将会使计算机发声的必备部件填入表 5-3-3 中。

表 5-3-3　使计算机发声的必备部件

序号	必备部件名称
1	
2	
3	
4	
5	
6	
7	

（2）将计算机不发声故障的判断方法填入表 5-3-4 中。

表 5-3-4　计算机不发声故障的判断方法

序号	故障部位	判断方法
1	计算机与音箱连接线	
2	音箱	
3	计算机声卡未正常工作	

续表

序 号	故 障 部 位	判 断 方 法
4	计算机声卡驱动程序安装正确	
5	计算机音量设置正常	
6	光驱音频线连接正确	

共同探究

1. 根据课本第 219 页的内容，把计算机能正常上网的必备条件填入表 5-3-5 中。

表 5-3-5 计算机能正常上网的必备条件

序 号	计算机能上网的必备条件
1	
2	
3	
4	
5	
6	
7	

2. 将计算机不能上网的判断方法填入表 5-3-6 中。

表 5-3-6 计算机不能上网的判断方法

序 号	故 障 部 位	判 断 方 法
1	计算机与网关（宽带路由器）、交换机连接错误	
2	计算机启动后找不到网卡或网卡驱动程序异常	
3	无线网卡被禁用、无法接入无线热点	
4	拨号上网的用户名与密码设置错误	
5	IP 地址配置错误或未能从 DHCP 服务器自动获取 IP 地址	
6	DNS 服务器地址配置错误	

续表

序号	故 障 部 位	判 断 方 法
7	局域网用户或通过宽带路由器上网的用户,网关地址错误	
8	浏览器设为"脱机模式"	
9	防火墙禁止访问网络	

**归纳整理**

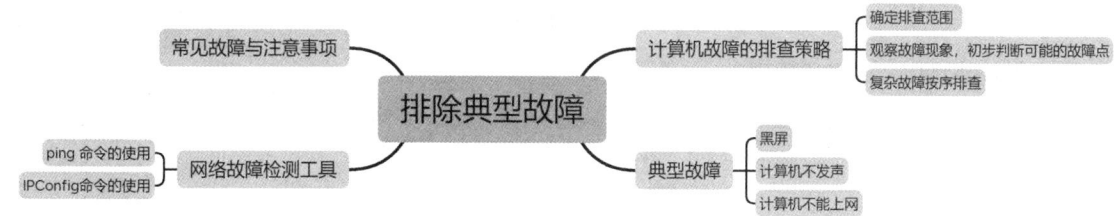

**达标检测**

1. 阅读本节课本中知识补充部分内容,并在计算机上实践。

2. 一台计算机在运行时插入 U 盘后死机,重新开机后无法正常启动,请简述故障排查的步骤及故障原因。

3. 某计算机在更换主板后重新开机,出现电源指示灯亮但系统不自检,显示器无显示,请简述故障排查的步骤及故障原因。

4．某计算机平时工作正常，一次开机后发现无显示，但硬盘灯闪烁，数十秒后能听到 Windows 开机音乐，请简述故障排查的步骤及故障原因。

拓展延伸

小王同学在假期中用自己的笔记本电脑玩游戏，但总是在 2 小时左右就会死机，请你分析原因，并提出简便的解决方法。